1天5分鐘

世界第一簡單生髮術

辻 敦哉◎

關鍵 3 招打造健康頭皮
鞏固髮根，再生新髮

繪虹

只過了 3 個月，無論分線處或髮旋處都不再清晰可見了！

（50～59 歲男性）

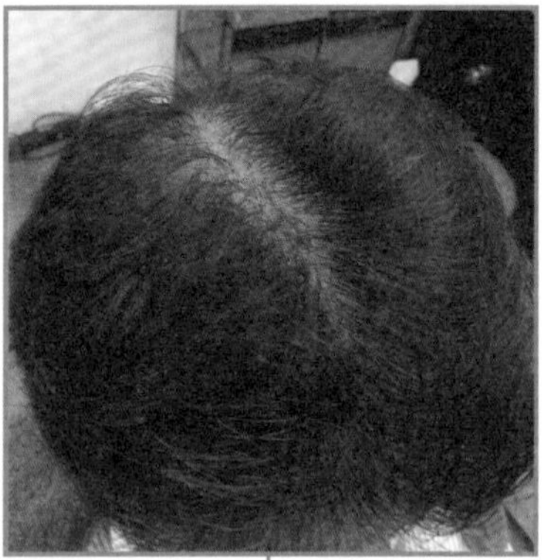

Before

- 分線處明顯可見
- 尤其髮旋處附近髮量稀少

透過本書作者的生髮術改善後……

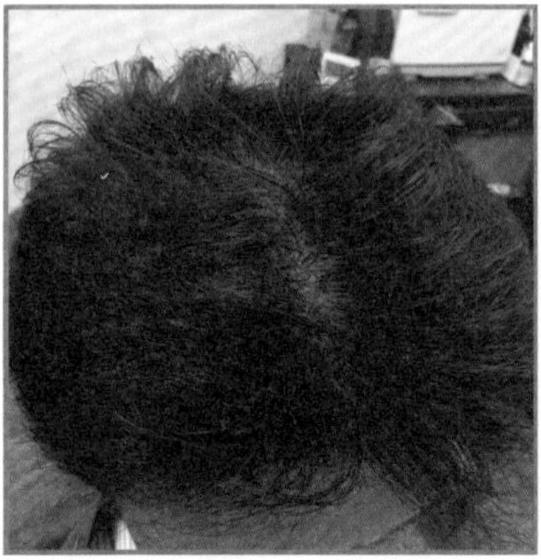

After

- 頭皮清晰可見的部分變得不明顯了
- 頭髮整體變多了

採行的生髮術

- 停止使用清爽型增髮劑
- 按摩消除眼睛疲勞
- 採用避免刺激頭皮的洗髮方式
- 就寢前不盯著電腦或智慧型手機，改做頭皮按摩等等

僅僅經過 3 個月的時間！
頭髮不但變茂密，而且蓬鬆有活力。

（30～39 歲女性）

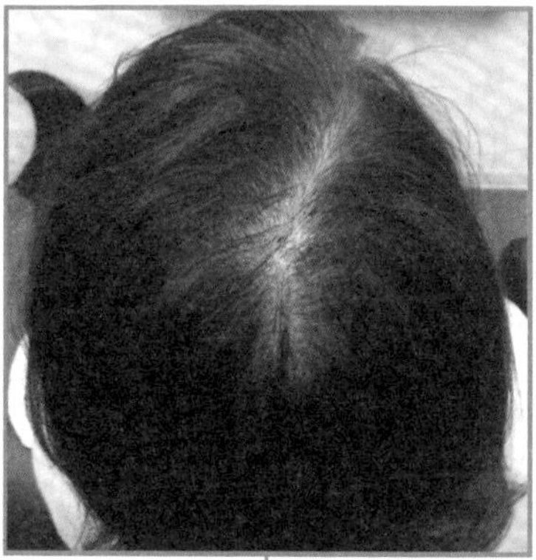

Before

- 分線處明顯可見
- 頭皮整體皆十分乾燥

※ 透過所拍攝的照片，可發現之前整顆頭髮量稀疏，頭皮清晰可見

透過本書作者的生髮術改善後……

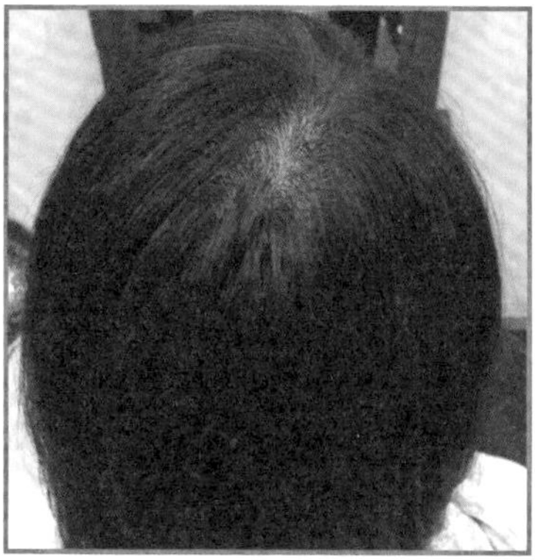

After

- 頭髮整體變茂密了
- 頭髮完全變蓬鬆了
- 頭皮變得有血色，也變柔軟了

採行的生髮術

- 洗頭從2天洗1次，每次洗1遍，變成1天洗1次，每次洗2遍
- 自然乾燥不使用吹風機
- 按摩頭皮
- 不再隨意購買護髮商品來使用等等

短短 3 個月，
髮量稀少的 O 型禿範圍便縮小了！

（40～49 歲男性）

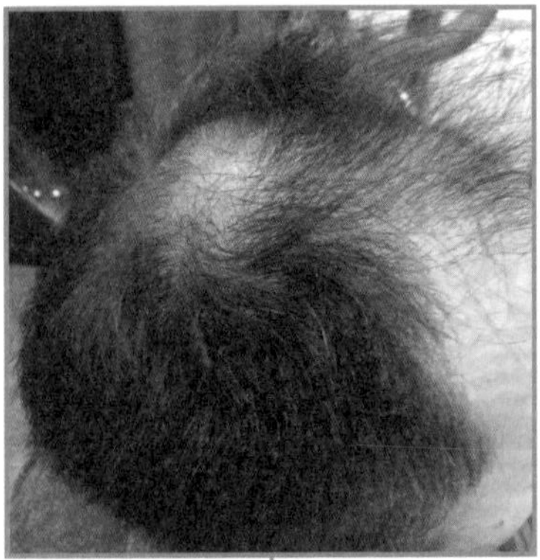

Before

- 髮量稀疏的O型禿很明顯
- 頭皮缺水，反觀油脂分泌卻過多

透過本書作者的生髮術改善後……

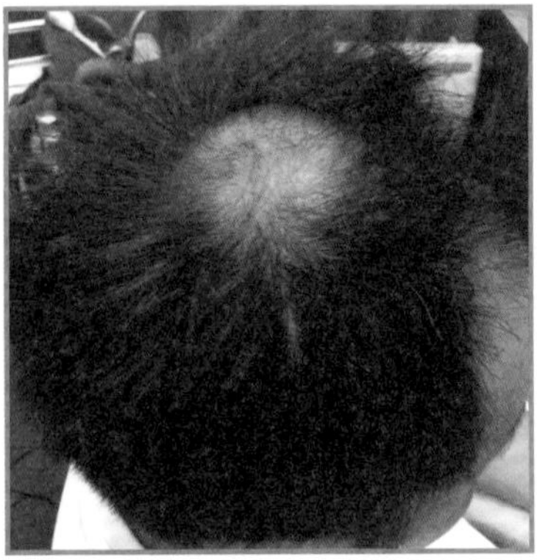

After

- 髮量稀疏的O型禿範圍縮小了
- 頭髮整體變茂密了
- 頭出現光澤與彈性
- 頭皮變柔軟，無論水分或油脂都變得恰到好處

採行的生髮術

- 在蓮蓬頭內安裝氯過濾器
- 洗髮精從硫酸類產品改用氨基酸類產品
- 按摩頭皮
- 使用保濕化粧水等等

頭髮整體變茂密，分線處縮小。
頭皮血色也變好，且 3 個月就實現！

（60～69 歲女性）

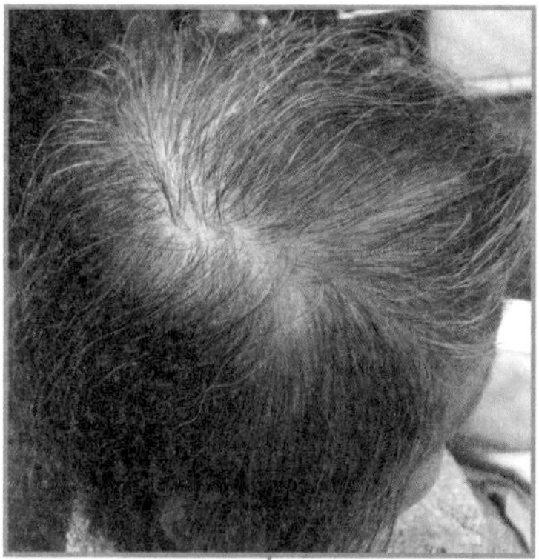

Before

- 整體髮量稀少，分線處格外明顯
- 頭皮缺乏活力又乾燥

透過本書作者的生髮術改善後……

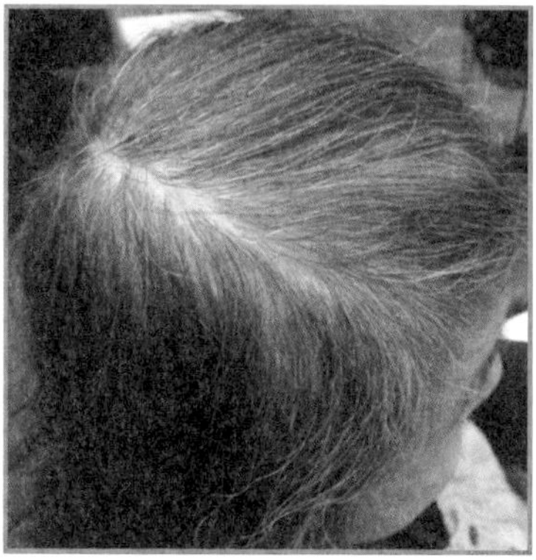

After

- 頭皮清晰可見的程度減輕了
- 頭皮顏色整個變健康了

採行的生髮術

- 日照強烈時配戴乾淨的帽子
- 自然乾燥不使用吹風機
- 洗頭從**2**天洗**1**次、每次洗**1**遍，變成**1**天洗**1**次、每次洗**2**遍
- 在蓮蓬內安裝氯過濾器等等

衝擊性的事實

自來水一般都含氯。
事實上，這種成分會傷害頭髮及頭皮。
而且在短短一瞬間，就會被頭髮及頭皮大量吸收……。現在就為大家進行實驗，親眼來見證看看。

1. 將自來水倒入紙杯中。

2. 將遇氯就會變成粉紅色的藥劑，倒入裝有自來水的紙杯中。
3. 由於自來水含氯，因此當然會變成粉紅色。
4. 接著再來看看頭髮及皮膚會吸收多少的氯。

5. 如同作法❶，將自來水倒入紙杯中，這次要將頭髮浸泡在水中 10 秒。

6 將遇氯就會變成粉紅色的藥劑，倒入浸過頭髮的自來水中。

7 結果發現，自來水幾乎維持透明的狀態……。也就是說，短短 10 秒大部分的氯就被頭髮吸收了！

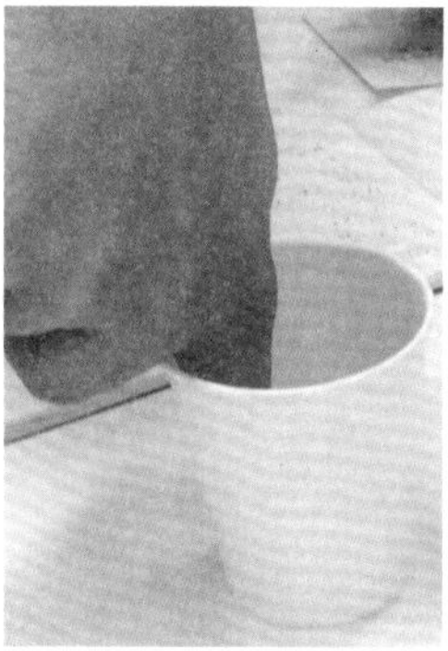

8 這次再將手指浸泡在裝有自來水的紙杯中 10 秒。此時也將遇氯就會變成粉紅色的藥劑倒進去……

9 和浸泡過頭髮的自來水一樣，幾乎是透明的！也就是說，氯也幾乎被手指吸收了。嚴格來說，是被手指表面的皮膚給吸收了。由此可知，氯也會在短時間內被頭皮的皮膚吸收進去。

大家每天沖洗頭髮的洗澡水，
也會流出大量的氯……。
但是請大家放心，
有一個簡單的方法可以鎖住氯。
→這個方法就刊載於本書的P113～114。

1天5分鐘

打造健康頭皮，
鞏固髮根，
再生新髮！

前言

改變95％的人髮量稀少問題！

「頭髮一直掉，讓人好擔心！」

「分線處變明顯，很在意別人的眼光……」

擔心頭髮問題，懷抱不為人知煩惱的人，真的不勝枚舉。

某項調查發現，在日本深感「頭髮越來越稀疏」的男男女女，據說便超過4200萬人。

日本人口在2016年的現在，約有1億2000萬人。假設超過20歲以上，才會開始在意頭髮稀疏的問題。由於未滿20歲的人口大約有2200萬人，所以其餘的9800萬人皆超過20歲。

這一樣來，概略計算過後，**會發現在日本居然有將近半數左右的成年人，都會在意頭髮稀少的問題，為頭髮稀疏的問題所苦……**。

許多擔心頭髮稀疏問題的人，「都希望能做些什麼改善……」，因此我在2011年所創立的頭部保養沙龍，也很幸運地在老顧客門庭若市的情形下，在近半年內都必須回絕新客預約。

因為**我所開設的頭部保養沙龍，有關頭髮問題的改善率超過95％以上**。女性顧客幾乎100％獲得改善，男性顧客也有高達9成以上反應：「頭髮問題改善了」，讓整體95％以上的人感到十分滿意。

另外**也深受美容理容業界專業人士們的矚目**，更接受了業界專業雜誌《BBcom》（BBcom）、《ザ・ビューレック》（THE BEAUTREC公司）、《SNIP STYLE》（Coiffure de Paris Japon）之採訪。

任誰都能在自己家中進行的超有效生髮術！

重新向各位自我介紹，大家好，我在埼玉縣浦和這個地方經營頭部保養沙龍「PULA」，名叫辻敦哉。

為什麼我的沙龍能獲得好評呢？最大的原因別無其他，就是幾乎所有顧客頭髮稀疏的問題都改善了。

此外，應該還有一個原因，每位前來沙龍接受服務的顧客，我都會傳授他們自行研發出來的「自己在家就能做的『PULA式生髮術』」。（※接下來還會出現「PULA式」這幾個字，這個名稱取自我所經營的沙龍「PULA」一名。）

現在市面上大量充斥著號稱「有益頭髮」的資訊及產品。而且，有相當多的人不知道哪種方法才能真正改善頭髮稀疏的問題，於是胡亂進行錯誤的保養方式，以為「總比什麼都不做來得好」。

想要改善頭髮稀疏的問題，有一些小絕竅你必須要知道。這些方法人人都做得到，而且通通不花一分一毫。然而，這些絕竅卻沒有人要告訴大家。**我認為，就是因為我們會不藏私地將簡單且不花錢就能做得到的生髮方法傳授給顧客，因此才會備受信賴。**

而我僅在頭部保養沙龍傳授給老客戶的生髮祕訣，即將透過本書教導給大家。

另外，我更希望除了前來頭部保養沙龍的顧客之外，也能讓更多人擺脫頭髮稀疏的煩惱。因此我便秉持著這個信念，完成了這本書。

今天起即可立即展開的1天5分鐘生髮術

本書所介紹的生髮術，是將我平時在頭部保養沙龍所進行的增髮療程，簡化成自己在家就能完成的作法。

絕大多數的作法，都不需要改變過去的作息即可融入日常生活當中。想要「生髮」的人，你每天僅僅需要花費約5分鐘的時間。

第一步，請先試著改變過去的洗髮習慣，用正確的方式洗頭吧！（這麼做並不會多花你什麼時間呦！）

接下來，再養成生髮的按摩習慣。我將會針對各種頭髮稀疏類型，介紹不同的按摩手法，有洗頭時可順便完成的按摩手法，以及利用些許空暇時間進行的按摩手法，兩者都不會耗費太多時間。

另外，每個月再嘗試看看「PULA式」獨創特殊護理法，這是由我研發出來，在自己家裡就能簡單製作完成的生髮液及生髮髮膜。

心有餘力時，若能再回顧過去的飲食習慣，那會更加理想。

即使上述方法全部執行，也不會多花你多少時間。只打算執行關係重大的生髮步驟，也就是洗髮及按摩的人，實際會在日常生活上額外花費的時間，1天可能不用5分鐘。而「PULA式」的生髮液及飲食，只要有空做起來放即可，所以這部分也不會花費多少時間哦！

本書所刊載的內容，並不需要全部一一執行不可。大家不妨從做得到及感興趣的部分開始做看看！只要養成某一種對頭髮有幫助的習慣後，你還會想接下去嘗試就行了。首先最重要的，就是動手去做！

我與祖父攝於橫濱。雖然我很愛祖父，但是因為他的頭髮稀疏又白，所以其實我從小就一直很擔心：自己是不是也會變禿頭？

頭皮環境比遺傳更容易導致頭髮稀疏！

男性之間存在一個都市傳說：「只要祖父有禿頭，在隔代遺傳下，自己也會禿頭的機率將大幅提高！」

但是，這點並沒有任何根據，也缺乏科學實證。

此外，現在30幾歲至40幾歲的人，與祖父那個年代的生活模式根本相去甚遠。據說日本人開始每天洗頭，是在瞬間熱水器普及，也就是昭和40年代以後的事。祖父那個年代洗頭的次數，最多一個禮拜只有1～2次而已。而且當時會塗上大量的髮油，甚至很多人似乎都會塗著髮油就寢。或許祖父原本就是屬於頭髮稀少的體質，但也可能是因為頭皮過於不清潔，才會導致禿頭，所以至今仍未有所定論。

總而言之，即使祖父的頭髮稀疏，你也並不一定會和他一樣頭髮變少。

我認為，「遺傳」只是會導致頭髮稀疏的主要原因之一。在我實際為前來頭部保養沙龍的顧客進行療程時，切身感覺到比起「遺傳」，「頭皮乾燥」、「血液循環不良」、「壓力」、「眼睛疲勞」這幾點原因，更會影響頭髮健康。比起體質遺傳，平時不當的保養，更容易使頭髮的狀況惡化。

因此，縱使你的祖父頭髮稀疏，也請你不要心生放棄，認為「反正都是遺傳的關係……」。因為哪怕你承繼了頭髮容易變少的體質，只要去除其他要因，再怎麼樣都還是有可能預防。

假使你滿心擔憂無法改變的體質，因此鬱悶煩惱而懷抱壓力的話，希望你能從做得到的事情著手嘗試看看。

我也曾受頭髮稀疏問題所苦

現在我才敢大聲說，**事實上過去我也曾為頭髮稀疏問題感到憂心，深受其苦。**

我的祖父是禿頭，因此從小我的朋友就會揶揄我：「你也會變禿頭吧？」話雖如此，小時候我完全不會在意周遭朋友的取笑，總是一笑置之。不過，當我成為高中生，開始在意自己的外表時，發生了一件事。17歲時，流行用髮蠟等髮妝品，將頭髮尖尖地立起來的髮型。因此我也為了將頭髮立起來，把頭髮給剪短了。

結果，我的頭髮又細又軟，因此整個頭皮都清晰可見。周遭朋友這樣跟我說。

「你慘了。」

「將來你會禿頭吧？」

「你自己是理髮店老闆的兒子，要是沒有頭髮的話，那不笑死人？」

在大家你一言我一語之下，我就這樣被當成了嘲弄的對象。

當然他們那時只是在開玩笑，但是正因為發生了那件事，讓我回想起我的祖父，進而開始為頭髮稀疏的不安情緒所擾。

我開始會從鏡子的各方角度檢查，調整髮型避免被人直接看到頭皮。

走在街上時，我會拿自己與周遭其他人的頭髮做比較，自己告訴自己：「我的頭髮比他多！」來到藥粧店則會購買看似對頭髮有幫助的生髮水或噴霧，直接往頭上撒。甚至曾經開玩笑地測量朋友額頭的寬度，回家後再與自己的額頭做比較。

此外，還和朋友打電話至大型生髮沙龍，詢問「抽菸及喝酒是不是對頭髮不好」等問題，而且還不只一、二次。看起來像在捉弄人，事實上是因為真的想知道答案。當時還沒有網路，所以資訊貧乏，不知道怎麼做才好，導致不安的情緒越來越高漲。

這種情緒直到25歲左右，才逐漸和緩下來。那時我開始在美容院工作，曾經參加過一場生髮劑廠商舉辦的座談會，這才成為重大轉機。

為什麼頭髮會變少呢？

還有，怎麼做才能預防與改善呢？

經由專家說明取得這些資訊後，我才明白該怎麼做。然後，在實踐這些方法之後，終於讓我感到放心，因為「我正在做對的事」。

大家都在花錢、花時間，努力使頭髮變稀疏

反觀最近則因為資訊爆炸，許多人都不知道哪些資訊才正確，因而困惑不已。

舉例來說，對於一般的生髮方法而言，「防止落髮」是非常重要的一環。但是真正重要的，並非強行將變脆弱的毛髮保留下來。與其這麼做，更應將生髮重點擺在調理頭皮，讓你接下來能夠長出強健的毛髮來。

也能反過來說，最好讓纖細衰弱的頭髮代謝掉，使這個毛孔能長出2根，甚至於3根比過去更粗的毛髮來。

此外，最近市面上推出了許多生髮劑，還打出「生髮率●%以上」、「驚人的生髮率！」、「回頭客接連不斷!!」等宣傳標語。

「擔心頭髮稀疏問題的人，先買罐生髮劑再說！」應該不少人都有這種迷思。

但是，**生髮劑也分成很多種類。如果不慎重挑選的話，其中甚至有些產品將導致頭皮衰弱而形成落髮。**

請不要再花錢、花時間，努力讓頭髮變稀疏了。

我憑藉著在頭部保養沙龍不斷累積下來的95%頭髮稀疏改善率，我能指導大家，究竟怎麼做才能真正地育髮。這套生髮術，比起我在20年前參加過的座談會，保證能造就更多的實績。

我希望大家能取得正確資訊，並且感到放心，進而加以實踐。如果能讓更多人擺脫頭髮稀疏的煩惱，將是我最開心的事情。

辻　敦哉

※本書所介紹的生髮液、生髮髮膜等產品，使用前請注意頭皮是否有出現異常。當出現傷口、濕疹等異常時，請避免使用。倘若發生泛黑、掉色、刺激等異常時，請停止使用，並前往皮膚科接受診察。此外，請勿放置於高溫場所，或是兒童伸手可及之處。

CONTENTS

第1章

針對各種頭髮稀疏類型！超簡單按摩手法使頭髮恢復活力

第2章

比市售更有效！在家自己做「PULA式」生髮液

CONTENTS

CONTENTS

第4章 留意飲食頭髮更健康！

序章

讓頭髮越變越多的「3步驟」

◇育髮就和在田裡種植物同樣道理

實用的養髮注意事項，與種植蔬菜水果等植物時十分類似。植物要長得好，不可或缺的就是「泥土」、「水」、「陽光」。

若以養髮為例的話，可將這3點比喻成以下步驟。

・Step1⇓「整地」使頭髮確實長出來…【備妥「泥土」】

・Step2⇓別給頭皮提供「毒素」…【澆「水」】

・Step3⇓慢慢「栽培」…【照射「陽光」】

現在針對這3步驟簡單說明一下。

STEP 1 「整地」使頭髮確實長出來

首先是整頓頭髮生長的地基，也就是調理「頭皮」。

植物每年都栽種在同一塊田地或同一個花盆裡的話，由於泥土會逐年變得貧瘠，因此會營養不足，而無法好好長大，所以必須耕地或換土，整頓地基以維持在良好的狀態。

聽我這麼一說，有人馬上會想到：「那麼只要使用生髮劑就行了嗎？」一提到生髮劑，大家或許會聯想到肥料。

但是，將「頭皮維持在良好的狀態」與「使用生髮劑」畫上等號，實在言之過早。即便你大手筆地灑下高價肥料，有時不但植物不會長大，還會導致植物生病。使用生髮劑之前，其實還有更多應該去做的事情。

究竟該做哪些事情呢？其中一件事情，就是去除頭皮氧化後的汙垢。以栽培植物的過程來做比喻的話，就是將遭受鹽害的田地去除覆蓋在上頭的鹽分。

皮脂分泌後大約只要經過48小時，就會開始氧化。然後汗水及灰塵會與洗髮精和護髮素未沖洗乾淨的殘留成分混雜在一起，接著開始牢牢地沾附在頭皮上。這就是頭皮的氧化汙垢。

氧化汙垢用其他比喻來說明的話，便類似牙結石。牙結石一旦囤積，這個地方就會變成巢穴，繁殖細菌並產生毒素。然後這些毒素將形成牙齦紅腫或是牙周病的起因，最後甚至會造成牙齒溶解這類的傷害。

同理可證，頭皮的氧化汙垢會衍變成過氧化脂質，這種油脂會阻塞毛孔，進而造成頭髮稀疏，為頭髮生長帶來不良影響。去除這些氧化汙垢後，頭皮的狀態便會神奇地改善。

想要去除氧化汙垢，精油髮膜就是非常有效的一種保養方式。當汙垢阻塞時，1週1次調理頭皮狀態為期1個月之後，再以每個月2～3次的頻率保養即可。很遺憾的是，氧化汙垢是很難用洗髮精洗掉的。關於精油髮膜的說明，將於第3章再進行介紹。

其他可調理頭皮健康的方式，還有頭皮按摩。雖說是按摩，但是一點都不費時耗力。而且我已經研發出獨一無二，針對O型禿、M型禿等各種頭髮稀疏類型的極有效按摩法。第1章馬上就會為大家提及，敬請期待！

第2章的內容，也是我獨自研發出來的生髮術，將為大家介紹生髮液及生髮髮膜的部分，而且不同於許多市售的生髮劑，可在不傷害頭髮及頭皮的狀態下改善頭髮健康，還會為大家特別介紹在家裡自己就能動手做的詳細配方！

與第1章的按摩雙管齊下的話，生髮率將更上一層樓。

STEP 2

別給頭皮提供「毒素」

栽種植物時，水分是絕對必需的一環。無論種在營養價值多高的土壤裡，要是沒有提供水分，植物就會馬上枯萎。

然而，即便是絕對不可或缺的水分，若是含有妨礙植物生長的成分，比方像是鹽等物質，就會對植物造成傷害。而會造成傷害的物質，本書稱為「毒素」。

會傷害頭髮及頭皮的毒素有幾種。

其中尤其會導致生髮不良影響的，就是自來水中內含的氯。此外，太熱或太冷的水溫，也會蘊藏毒害。

除了水之外，會落在頭髮及頭皮上的毒素，還有使用合成清潔成分的洗髮精、吹風機的熱風、紫外線等等。

實在有相當多的人，並沒有選擇正確的洗髮精。詳情容後說明，先舉簡單的例子來說，比方像是誤以為「只要挑選無矽靈產品便萬無一失！」的人更是不勝枚舉。

本書將針對影響力特別大的毒素，簡單說明去除的方法。具體而言，這些毒素就是氯、淋浴水的溫度、洗髮精、紫外線，這部分將在第3章為大家詳細解說。

此外，市售的生髮劑還包括一種毒素，那就是「酒精」。

頭髮會變稀少，起因於體內囤積了太多毒素。就和身處於過多花粉及居家灰塵的環境中，因而演變成過敏是同樣的道理。

在此將抵抗力以杯子來做比喻，以方便大家理解。某個人拿著一直在囤積毒素的杯子，這個杯子在一天天囤積毒素的過程中都相安無事，但是當毒素裝滿整個杯子並溢出來的時候，頭髮就會開始變得稀疏。

杯子理論

妨礙生髮的毒素，包括「合成清潔成分的洗髮精」、「壓力」等等，囤積這些毒素的容器就是杯子，當這個杯子裝滿毒素溢出來時，頭髮就會開始變少。

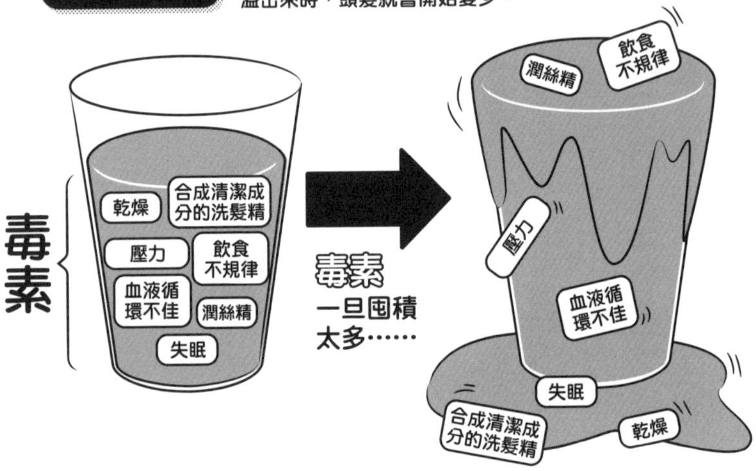

頭髮稀疏的原因
頭部
血液循環、衛生方面
常在菌、乾燥
自然要因
紫外線
有害物質
外在要因
不適合頭皮的洗髮精、髮蠟等等
身體層面的要因
眼睛疲勞
內臟不健康
不良的生活習慣
壓力
飲食不規律
高血壓
手腳冰冷
頭髮稀疏的原因
潛藏在各種地方！

杯子的大小會因人而異，杯子大的人，頭髮不容易變少，但是杯子小的人，沒多久頭髮便稀疏了……。

上述這套邏輯，我稱作「杯子理論」（參閱P36）。

順便告訴大家，類似毒素這種會導致頭髮稀疏的原因還有很多，可參閱P37的插圖。

STEP 3

慢慢「栽培」

最後一個步驟，就是培育頭髮。

植物也會因種類而異，但是只要讓植物照射陽光，就會長得更大更強壯。

同理可證，**想要培育出健壯的頭髮，首要之務就是促進血液循環。**這是因為血液可以運送製造頭髮必需的營養及氧氣。從心臟輸送出來的血液會經由動脈送抵毛細血管，然後供給營養給全身上下的細胞。

事實上這些重要的毛細血管，只要我們缺乏運動或是生活不規律，有時就會消失。

人體會優先將營養送到生存必需的器官，因此舉凡頭髮或指甲等不會對維持生命造成影響的部位，就會被拋在腦後。

也就是說，一旦持續過著不甚健康的生活，導致身體營養不足而呈現哀嚎連連的狀態時，不太會影響生命存續的頭皮毛細血管，便有可能會減少。

而改善血液循環的頭皮按摩，將做為第1章的主要內容為大家介紹。

此外，除了血液循環之外，其實藉由飲食充分攝取製造頭髮及頭皮的營養，在生髮方面也能看出明顯成效。因此，在第4章將為大家介紹如何從飲食中攝取營養。

去除毒素並整頓地基後，如能再添加營養，理應能在生髮方面發揮極大助益。

「『PULA式』3步驟生髮理論」，就是由上述3個步驟所組成，再為大家彙整一次：

・Step1　「整地」使頭髮確實長出來
・Step2　別給頭皮提供「毒素」

・Step3　慢慢「栽培」

這套理論也是我所提倡的生髮術之根基。總之，接下來我要介紹給大家的方法，全部都是根據「『PULA式』3步驟生髮理論」而來。大家如果能稍微將這幾點放在心上，接著再繼續閱讀下去的話，相信將更容易了解為何要做到這幾點了！

第 1 章

針對各種頭髮稀疏類型！超簡單按摩手法使頭髮恢復活力

◆針對各種頭髮稀疏類型進行育髮，效果更加顯著！

頭髮稀疏大致分成4種類型。

①從頭頂部位開始稀疏的「O型禿」。

②從髮際線（頭部前方）開始稀疏的「M型禿」（兩側髮際線後退型）與「A型禿」（中央髮際線後退型）」。

③頭髮整體變稀疏的「整頭稀疏型」與分線清晰可見的「分線明顯型」。

④從耳周開始變稀疏的「耳周

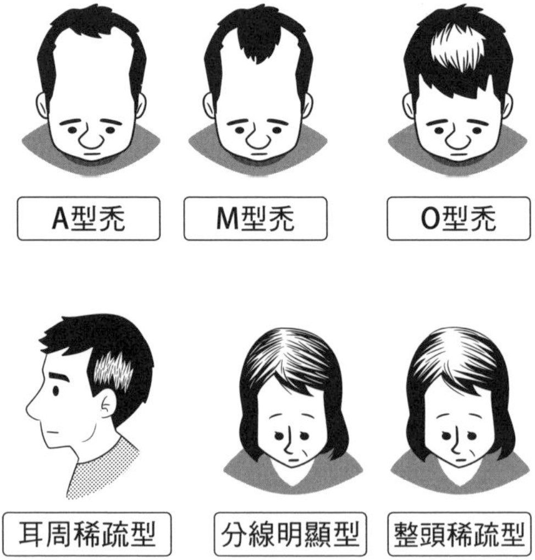

稀疏型」。

大多數頭髮稀疏的女性，都屬於③的「整頭稀疏型」，或是①的「O型禿」。女性會在意髮際線的時候，原因有別於男性，請參考③的狀況。

另外，「耳周稀疏型」相較於其他類型的人數較少，但也可說是僅差一步就會變成圓型脫毛症或多發性脫毛症，算是極為危險的狀態。

而且在仔細觀察這些類型之後，我發現了某項特徵。**這4種頭髮稀疏類型的人，他們的身體都各自陷入不同的問題狀態。**

過去已有超過2萬名顧客，來到我所經營的頭部保養沙龍諮詢頭髮稀疏問題，接受過我們的服務，經統計後發現，當中處於下述問題狀態的人非常之多。

①「O型禿」的人往往因為壓力導致肌肉緊張，血壓偏高，心臟負擔很大。

②「M型禿」、「A型禿」的人經常用眼過度，造成眼睛長期疲勞，賀爾蒙失調。

③「整頭稀疏型」、「分線明顯型」的人則是無法擺脫疲勞及緊張情緒，生命力薄弱，腎臟機能衰退。

④「耳周稀疏型」的人呈現精神緊張，尤其頸部周圍格外僵硬。

過去在頭部保養沙龍，無論你是屬於哪一種頭髮稀疏類型的顧客，我們都會介紹相同的頭皮按摩手法，讓大家能在「自己家裡進行保養」。

但是後來我發現到一點，當我針對不同類型，再加上專攻改善身體孱弱部位的按摩手法後，生髮效果竟然開始大幅提升了。

針對不同類型的按摩手法，幾乎全都只要在上班時間內坐在辦公桌時，或在休息的時候，稍微動手按摩一下即可。

並沒有「1天須做●次」的規定，想到時做3~5次就行了。

◆針對各種頭髮稀疏類型！生髮按摩手法親自傳授

現在馬上來針對各種頭髮稀疏類型，介紹效果顯著的按摩手法。每種頭髮稀疏類型各為大家介紹2種按摩手法，請大家隨意嘗試偏好的按摩手法即可，也可以兩者都做做看！

①從頭頂部位開始稀疏的「O型禿」

【之一】改善高血壓的【小指指甲按摩】

小指指甲按摩

用一隻手的大拇指及食指，按摩另一隻手的小指指甲兩側約10秒鐘。

【之二】清澈血液的【太衝穴指壓】

「太衝穴」就是位在腳背的大拇趾與第2趾頭之間，往腳踝靠近時有2根骨頭相接呈現V字型凹陷處的穴道。請將這個太衝穴朝向腳踝的方向按壓。

②從髮際線開始稀疏的「M型禿」與「A型禿」。

【之一】舒解眼睛疲勞的【眉毛掐捏】

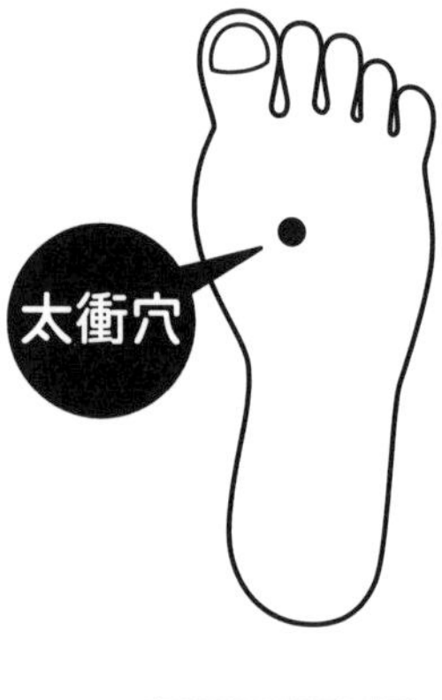

太衝穴指壓

比方像是「睛明穴」，有許多位於眼周的穴道都對眼睛疲勞相當有效。而能一口氣刺激這些穴道的方法，就是眉毛掐捏。

1. 將大拇指放在眼皮的眼頭部位。

2. 再配合上食指，將眉毛連皮整個夾起來掐住。大拇指由下、食指由上，將眉毛夾著。

3. 以眼頭至眼尾約2～3秒鐘可抵達的速度，掐捏3～4個地方。

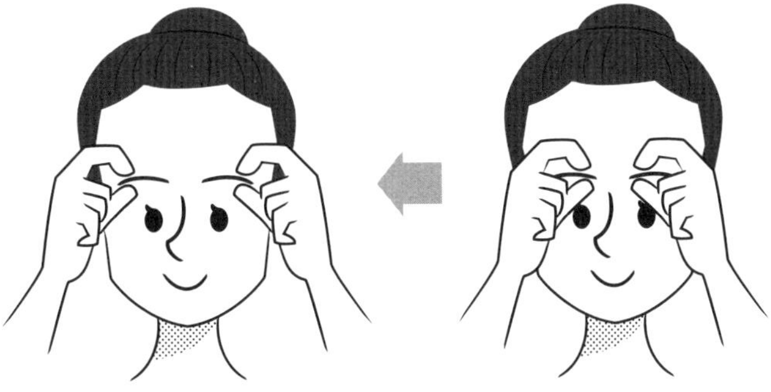

眉毛掐捏

【之二】調整賀爾蒙平衡的【內庭穴指壓】

「內庭穴」是位在第2趾頭與第3趾頭根部的穴道。請用食指按壓，往腳踝的方向拉扯。

③整體頭髮變稀疏的「整頭稀疏型」與「分線明顯型」。

【之一】提高生命力的穴道【湧泉穴指壓】

中醫認為一旦「腎經」這條經絡衰弱，就會喪失活力，容易長出白髮或頭髮稀疏。因此須按壓「湧泉穴」，以促進「腎經」的氣血暢通，提升生命力。

內庭穴指壓

湧泉穴指壓

「湧泉穴」位在腳底。從食趾往下探尋時，就會發現有個地方稍微凹陷，這裡就是「湧泉穴」，所以請將大拇指放在穴道上，往腳趾方向按壓。

湧泉穴指壓，可在工作或正在從事任何作業的期間，準備約莫高爾夫大小的球，踩著滾來滾去就行了。

【之二】促進頭皮血液循環的【百會穴指壓】

雙耳上方連結線的中心點，落在頭頂部位的就是「百會穴」。請用中指指腹，朝著頭部正中央按壓。

百會穴指壓

④從耳周開始變稀疏的「耳周稀疏型」。

【之二】逐步緩解頸部僵硬的【慢動作轉頭】

頸部有神經束通過，且存在著許多纖細肌肉。

因此做動作的同時，須留意「現在哪個部位的肌肉正在伸展」，再花15秒鐘慢動作地轉動1圈，這樣就能一步步溫和地緩解僵硬痠痛的頸部。

慢動作轉頭

【之二】同時充分舒解後背及頸部的【按壓鎖骨轉動肩膀】

現代人使用智慧型手機或電腦的時間相當長，容易呈現前傾的姿勢。長時間前傾的話，後背及連接後背與頸部的肌肉就會僵硬痠痛。

請偶爾矯正姿勢，將肩膀前後轉動緩解一下。

1.轉動肩膀時，雙手手指要輕輕地放在鎖骨上。這樣一來，才更容易將注意力擺在肩胛骨上，方便舒緩肩膀及後背。

2.手肘放在身體側面，往後轉動5

按壓鎖骨轉動肩膀

次，並盡可能使手肘能通過耳朵旁邊。

3.依照相同作法，同樣須往前轉動5次。

◆透過萬能型按摩手法，使頭皮越發有活力！

接下來要為大家介紹的，是任何頭髮稀疏類型的人都能看出效果的萬能型按摩手法。由於可刺激頭皮促進血液循環，所以任何一種類型的頭髮稀疏都能大舉提升「生髮力」。

進行按摩的時間及次數並沒有硬性規定，請大家想到時就做幾次吧！

【之一】頭皮拉提

我們的頭皮經常會在重力影響下，不斷地往下拉扯。因此越接近頭頂的部位，越容易出現脹痛僵硬的感覺。

話雖如此，單單只有放鬆頭頂，馬上就會故態復萌。這是因為沒有先充分放鬆位在耳朵上方的頭皮，已經萎縮的頭皮就會持續拉扯的關係，因此下述按摩會相當見效。

1. 將雙手手掌根部的鼓起處，完全擺在位於耳朵上方的凹陷處。

2. 雙手往上拉提朝頭頂處靠攏，並重覆4～5次，放鬆耳朵上方的頭皮。

這個按摩手法當你坐在辦公桌時，將雙手手肘靠在桌子上會更容易使力。

接下來，後續幾頁還會為大家介紹

頭皮拉提

洗頭的方式，而這個頭皮拉提的動作將成為最基本的一道環節，所以請大家務必學起來。

【之二】拉耳轉動

大腦的疲勞會顯現在頭皮上，因此大腦不放鬆，頭皮就會緊繃。而透過拉耳轉動的方式，便可有效刺激耳朵上方的頭皮。

此外，做這項按摩後頭皮會變柔軟，所以還可提升後續其他按摩的效果。

1. 用大拇指及食指抓著耳朵正中央。

拉耳轉動

2.以畫圓的方式，由前往後轉動5次。

3.反過來由後往前同樣要轉動5次。

【之三】眼球轉動

這個按摩手法可放鬆疲勞累積後緊繃的眼周肌肉，大家可趁著在廁所休息時的短暫空暇時間進行。

1.使勁往上看，就好像在看自己額頭的感覺。

2.維持7秒鐘後，接下來盡全力往右看。

3.同樣維持7秒鐘，然後往下看。

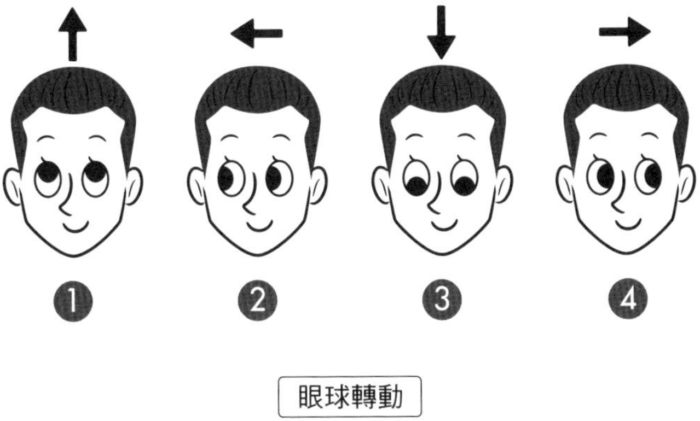

眼球轉動

4. 接著再維持7秒鐘，這次要往左看。轉動1圈後，也要試著反方向再轉動1圈。此外，在轉動眼睛時，須注意臉部不能跟著被牽動。每一個位置維持7秒鐘，若感覺時間太久的話，至少須維持5秒鐘。

接下來想稍微說明一下，為什麼本章節所介紹的按摩手法會如此重要。頭部具有4塊大肌肉，這4塊肌肉能夠保持頭皮（包括腱膜及肌膜）的柔軟度。精神上的疲勞或緊張，再加上用眼過度等情形導致身體疲弱的話，這4塊肌肉便無法保持彈性，因而受到重力拉扯，**連帶頭皮也會在重力拉扯下而變硬，於是血液循環就會變差**。

頭髮是透過位於頭皮的毛細血管吸收營養才得以成長，因此當血液循環不佳時，營養便無法送達，使得頭皮環境難以製造出健康的頭髮。

不過，你自己就能改變這個狀態，打造出有益於頭髮生長的頭皮環境。這些方法就是本章節所介紹的按摩手法。**透過頭皮及肌肉的按摩，即可緩解因重力所造成的僵硬現象。**

現在就來身體力行先前介紹過的「萬能型按摩手法」+「針對個人頭髮稀疏類型的按摩手法」，將體內血液循環的環境導向頭髮能健康生長的狀態吧！

重力所造成的影響

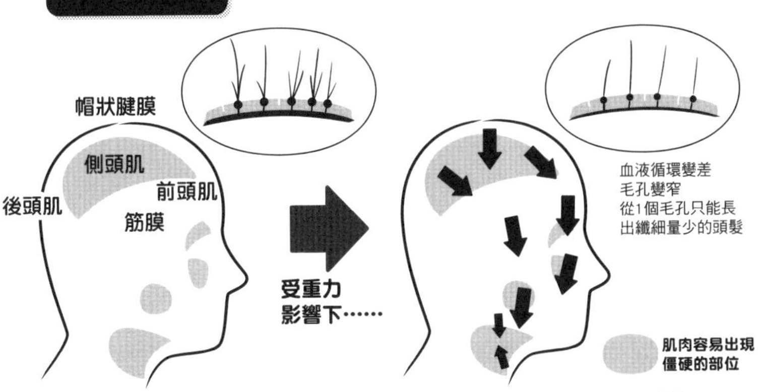
帽狀腱膜
側頭肌
後頭肌
前頭肌
筋膜
受重力
影響下……
血液循環變差
毛孔變窄
從1個毛孔只能長
出纖細量少的頭髮
肌肉容易出現
僵硬的部位

受重力影響下，頭皮與肌肉會往箭頭方向拉扯

◆雙管齊下！三重效果的終極運動

最後要為大家介紹的是，**任何頭髮稀疏類型的人都能看出卓越生髮效果的終極運動**。這項運動，就是只要坐在椅子上同時進行下述1～3個動作的終極絕招（參閱P61）。

1. 用一隻手的中指刺激位於頭頂的「百會穴」，以促進頭皮血液循環。
2. 用一隻腳踩踏另一隻腳的小趾外側，刺激通過此處的「腎經」此一經絡，以提高生命力並改善頭髮稀疏現象。
3. 用吹風機的熱風溫熱腹部中央部位，以促進「腎經」此一經絡的疏通。

同時進行這3個動作後，僅需10秒鐘左右，「生髮力」就會發揮三重效並強力運作。大家不必特別空出時間來，自己在家裡看電視或聽音樂時就能同時進行。只不過在旁人眼中，這個姿勢或許有些不可思議吧!?

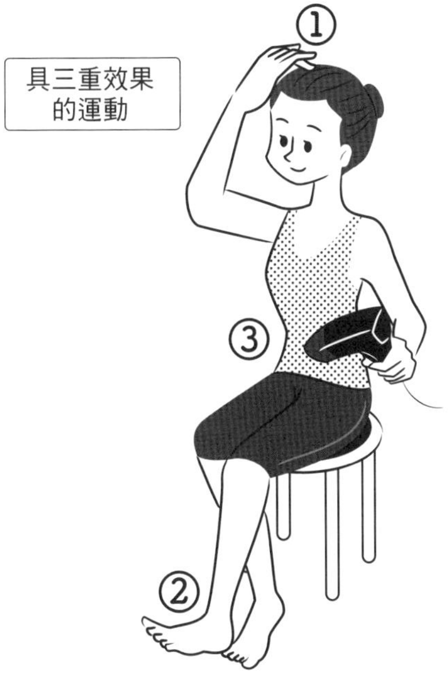

◆嚼口香糖也是相當有用的生髮術之一

我們平時若無其事所做的動作當中，其實也內含相當容易做到的生髮術，而且「人人都做得到，甚至幾乎無須花費一分一毫」。

那就是嚼口香糖。

嚼口香糖時，請將手放在太陽穴上。大家在嚼口香糖除了會動到下巴之外，太陽穴是不是也會動呢？**像這樣多活動臉部的表情肌，就能促進整個頭部的血液循環。**

此外，嚼口香糖還有另一個有效的作用，那就是唾液會大量分泌。

中醫主張頭髮及唾液皆由身體的「腎」這個部位掌管。這裡所指的「腎」，與西醫所認定的腎臟機能稍有不同，被視為生命力及青春的根源。

「腎」一旦衰弱，據說就會導致頭髮稀疏及口腔乾燥。因此**中醫認為，若能透過嚼口香糖使唾液大量分泌，進而提升「腎」機能，或許就能有效改善頭髮稀疏了。**

再者，唾液大量分泌後有助於消化，所以也能**調節內臟健康，這樣也有助於改善全身血液循環。**

嚼口香糖除了可預防頭髮稀疏之外，還具有多方面的效果。大家是否曾經看過大聯盟選手一邊嚼著口香糖，一邊站上打擊區呢？咀嚼的動作，除了頭皮之外還能促進大腦血液循環，所以可活化大腦，因此能提升比賽時的注意力。

而且還有研究結果顯示，只要嚼口香糖，就能提高記憶力及認知力。就連在日本，我們有時也會嚼口香糖來趕走睏意。這應該就是因為我們在潛意識中明白，只要大腦的血液循環變好，整個人就會清醒過來。

只不過，以為「這麼做便萬無一失！」而過度嚼口香糖的話，耳朵上方，尤其是太陽穴附近將累積疲勞。

一旦疲勞累積，頭皮就會緊繃，所以嚼口香糖後最好再透過萬能型按摩手法，讓頭皮放鬆一下！

第 2 章

比市售更有效！在家自己做「PULA 式」生髮液

◆越常使用生髮劑，頭皮與頭髮越悽慘無比!?

「頭髮好像變少了……」當你這麼想時，第一步會怎麼做呢？大部分的人，最先想到的就是購買生髮劑。

但是市售的生髮劑裡頭，存在著絕大多數人不會注意到的重大問題點，**那就是含有大量的酒精，而且半數以上酒精濃度超過50％，甚至還有內含高達近70％酒精的產品。**

廠商會使用酒精的最大原因，在於使有效成分能送達位在頭髮根部的毛母細胞。因為有效成分運送至毛母細胞途中會存在著皮脂，而透過酒精才能將皮脂溶解掉。

但是能夠發揮如此強大的作用，正代表酒精對於頭皮及毛孔而言，屬於具強烈刺激性的成分，因此除了皮脂之外，還會造成毛母細胞受損。所以明明是為了「生髮」而一股勁兒地撒上生髮劑，沒想到有時候卻反過來演變成頭髮稀疏的原因。

酒精還具有其他不良影響，諸如使頭皮乾燥、導致賀爾蒙失調、消滅頭皮上好的常在菌等等。此外，由於使用過洗髮精後，會將保護頭皮的皮脂去除掉，因此會使酒精造成的刺激更加強烈。

站在消費者的立場而言，使用酒精或許有他的需求。因為將生髮劑往頭上撒時，那股爽快感十分受到消費者喜愛。

因為酒精的揮發性高，沾在皮膚上會產生清涼感。只是當你感覺到「清涼」的當下，代表酒精在蒸發的同時，也奪走了頭皮的油分與水分。於是**頭皮就會變得乾燥缺水，導致頭皮屑形成，有時甚至造成皮膚中毒。**

當頭皮的狀態像這樣惡化之後，將使毛髮變得越發纖細，且很難長得茂密。

◆「PULA式」生髮液也有針對各種頭髮稀疏類型！

「PULA式」生髮液完全不使用酒精。

取而代之的，是採用了內含於植物油當中，名為甘油的保濕成分。如同臉部及身體的皮膚，頭皮只要保濕就會變得柔軟，緊縮起來的毛孔便容易張開。

一旦頭皮緊繃、毛穴緊縮的話，除了毛髮會變細之外，也很難長出新的毛髮來。相反地，當毛孔舒暢地擴張開來之後，除了容易長出強健的毛髮之外，從一個毛孔能夠長出來的毛髮數量，肯定也會大幅增加。

【準備用品】

- 精製水（註：蒸餾水或過濾水）……100ml
- 植物性甘油……1/4～1/2小匙

・（因應各種頭髮稀疏類型的）精油……

※挑選方式容後說明。

・容器……噴霧式容器。於一般賣場購買即可（如下所示）。

準備用品只需要這幾種。而精製水與植物性甘油這兩種物品，皆可於藥局購買得到。

甘油量多一點，保濕效果就會提高，但有時會感覺黏黏的，因此請視使用偏好加以調整。

精油量為1 ml。大部分的精油瓶，都設有可使精油1滴滴落的點滴器。這

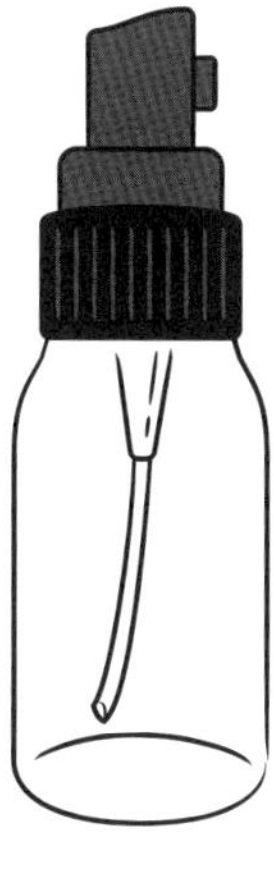

1滴精油，大多數為0.05ml，因此需要滴20滴。只不過也會因點滴器的形狀而異，所以請先行確認之後再調整精油點滴量。

接下來，針對各種頭髮稀疏類型的精油如下所述。

①從頭頂部位開始稀疏的「O型禿」⇓薰衣草

②從髮際線（頭部前方）開始稀疏的「M型禿」（兩側髮際線後退型）與「A型禿」（中央髮際線後退型）」⇓依蘭

③整體頭髮變稀疏的「整頭稀疏型」與分線清晰可見的「分線明顯型」⇓天竺葵

④從耳周開始變稀疏的「耳周稀疏型」⇓迷迭香

【作法】

1.將甘油倒入容器中，再滴入精油，然後蓋上蓋子。精油可溶於甘油中，但是無法溶於水中，因此請搖晃容器，使甘油與精油充分混合在一起。

2.倒入精製水，再充分混合均匀。　※存放於陰暗處可使用1個月。

【使用方式】

1. 用洗髮精洗髮後，再用毛巾擦乾，接著將這個生髮液噴在頭皮上。有時成分會油水分離，所以使用前請充分搖勻。

2. 噴上去之後，再用雙手仔細按摩融入頭皮裡。

後續內容，將為大家簡單提及針對各種頭髮稀疏類型的精油功效。

①從頭頂部位開始稀疏的「O型禿」⇓薰衣草

薰衣草可緩和焦躁不安的情緒，解決失眠問題，有助於療癒疲累的身體。此外，用於治療燒燙傷時，可提升肌膚的再生能力，也能發揮預防頭髮稀疏的功效。另外，O型禿的人大多血壓偏高，而薰衣草也具有降低血壓的效果。

②「M型禿」與「A型禿」⇓依蘭

依蘭具有鎮靜神經的作用，且能幫助舒緩過度使用的視神經。另外，據說還有預防頭髮稀疏、促進頭髮生長的效果。

③「整頭稀疏型」與「分線明顯型」⇓天竺葵

天竺葵可抑制情緒起伏，具有使容易緊張的人放鬆下來的效果。而且還可適度調節頭皮皮脂量，使肌膚變柔軟。

除此之外，更具有強壯掌管頭髮的腎機能。頭髮稀疏的原因，會因為每個人的性格而異，據中醫統計結果顯示，頭髮健不健康與腎機能有所關聯。

④「耳周稀疏型」⇓迷迭香

迷迭香可提高心臟機能，促進全身血液循環。尤其對於頸部周圍肌肉容易緊繃的「耳周稀疏型」來說，促進血液循環是最恰當的改善方式。

購買精油時，唯獨一點希望大家留意一下。那就是必須選購標榜100%天然成分的「精油」產品。

只要一去到雜貨用品店，就會看到店家在販售類似「香精油」這種精油。但是這類精油是為了品味香氣，使用了人工香料製作而成的產品，因此不能直接塗抹在皮膚上。

能在我們身體上發揮作用的，唯有100%天然成分的「精油」，請大家注意不要搞錯了。

這些精油，也要盡可能選擇產地及品質安全有保障的產品。品質優純的精油上頭，都會同時附上成分表及成分分析表。有些產品還會標示出生產者、土壤環境、「為什麼這款精油品質優良」等說明，像這類產品就十分推薦大家購買。

再者，精油連續使用1個月左右之後，頭皮就會習慣而導致效果減弱。因此精油使用1個月之後，最少要停用2週的時間，然後單純使用精製水及甘油保養即可。接下來，經過2週以上的時間之後，再開始倒入精油繼續使用。

即使少了精油，單靠甘油也具有保濕效果，還是能夠好好進行生髮工作，所以請大家放心。

◆用「PULA式」特殊生髮髮膜，使頭髮更有活力！

我所經營的頭部保養沙龍，會在生髮療程中採用髮膜，現在我將這種髮膜改造成在自己家裡就能使用的「『PULA式』特殊生髮髮膜」。

這種髮膜不需要每天使用。如字面所示，可做為「特殊」保養的一環，請大家1個月使用2次看看。尤其頭皮在夏天的紫外線影響下受損，秋冬容易缺水乾燥時使用的話，效果更佳。

而玉米粉可去除皮脂汙垢並清潔頭皮，薏仁粉可充分保濕以保持皮膚柔軟度。

【準備用品】

- 玉米粉……16 g
- 薏仁粉……4 g
- 水……30 cc（費心調製的特殊髮膜，請使用不含氯的礦泉水）
- 容器……建議使用類似盛裝蜂蜜或醬汁，整個蓋子往前突出的容器。於一般賣場購買即可（如下方插圖所示之產品）。

※只要遵守玉米粉4、薏仁粉1的比例，分量並不一定得依照標示所示進行調配。玉米粉、薏仁粉可於超市購買。

※因為不利保存，所以請每次重新調配。

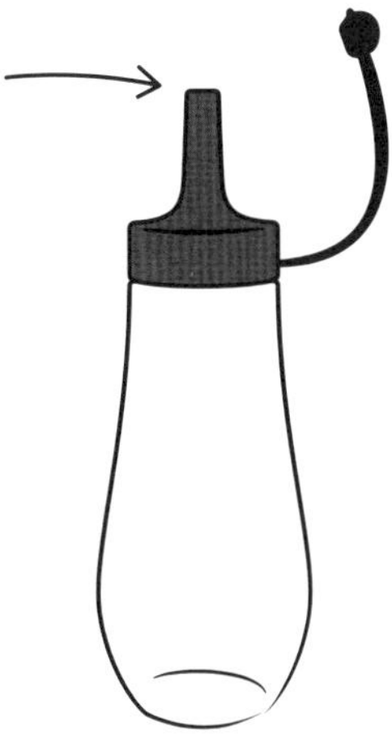
前端開孔（出口）稍微變小的容器為佳。只不過開孔過小的話內容物會堵塞，因此孔洞直徑以3㎜為參考依據。有些容器可以自行裁剪前端開孔自由調整孔洞大小，但是前端太銳利有時會刺傷頭皮，所以請避免選擇此類產品（無需裁剪便可直接使用的容器為宜）。

【作法】

1. 將薏仁粉與玉米粉倒入容器中。

2. 慢慢地注入水分，再充分搖晃混合均勻，避免結成一團。

【使用方式】

1. 洗髮後再使用特殊髮膜。

2. 充分搖晃等到變成美乃滋這樣的硬度後，再慢慢地塗抹在頭皮上，遍布整個頭皮。

3. 經過15分鐘後，再以溫水沖洗乾淨。無論怎麼沖洗還是會有髮膜殘留時，也可使用洗髮精洗淨。

使用方式2塗抹完後再用熱毛巾將頭包起來的話，髮膜成分可更深入地滲透進頭皮當中。熱毛巾的作法也為大家介紹一下。

1. 用水將毛巾沾濕。

2. 將毛巾擰乾至不會有水滴落的程度。

3. 將毛巾折成三折，裝入塑膠袋中。

4. 以500W微波爐加熱1分鐘左右（冬季加熱1分30秒）。冷卻後再行使用，以避免燙傷。

◆想使用市售生髮劑時，先檢查一下這裡！

「PULA式」生髮液為推薦首選，但是如果大家還是想要使用或對市售產品感興趣的話，接下來也將為大家解說如何選購市售產品。

宣稱「生髮率●%」、「一定長得出來！」等效果的生髮劑，除了藥粧店有販售之外，網路上也有很多人在銷售。不少人由於不懂得挑選的準則，因此會視價格及外包裝做決定。但是這麼做的話，即便大費周章地使用了生髮劑，最終還是無法獲得期待中的效果。

每次被問道「應該根據哪些標準來挑選市售生髮劑」時，首先我一定會建議大家購買刺激性小的產品。受頭髮稀疏問題所擾的人，頭皮狀態皆明顯不佳，如頭皮不健康、皮脂量不適當。對於這種人的頭皮來說，內含大量酒精的生髮劑都太過刺激，因此第一步就是挑選酒精含量比例低的產品。

成分標示會依內含量多寡依序標示。也就是說，只要標示著「水、乙醇」，代表成分佔最大比例的是水，其次為酒精。而乙醇也是屬於酒精的一種。

只不過酒精還是具有其他優點，例如可透過殺菌作用維持產品品質，或是使不容易與水混合的成分溶解等等。

我認為**適當的酒精濃度應在5%左右**。話雖如此，廠商並沒有義務得標示出產品內調配的酒精比例為何，因此大家或許很難判斷。即便如此，還是希望大家在挑選產品時，**顯示「乙醇」這類的酒精成分標示，盡量排在越後面越好**。

男性希望生髮劑具有清涼感，因此男性用生髮劑內含大量酒精的產品比比皆是。反觀女性用的生髮劑，相對來說酒精含量比例少的產品較多，假使其他內含成分相近的話，**選擇女性用生髮劑也不失為一個好辦法**。

酒精含量少的生髮劑產品當中，依內含成分大致可分成以下2種類型。

①促進血液循環
- 內含可擴張毛細血管，並改善血液循環的成分。
- 內含成分：維生素E（Tocopherol）、當藥精華等等。

②補充營養
- 製造此產品的目的在於運送維生素等營養至毛母細胞。
- 內含成分：維生素A與B、小連翹精華、黃芩精華等等。

當你聽到美容師或整骨師等人跟你說頭皮很硬，且自覺容易緊張的人，最好參考促進血液循環的產品。

自認為飲食習慣不佳，指甲泛白（健康的指甲會呈現粉紅色）或容易龜裂的人，則建議參考補充營養的產品。

話雖如此，促進血液循環類型的生髮劑裡頭，大多也含有補充營養的要素，而補充營養類型的生髮劑裡面，則多含有促進血液循環的要素。

◆市售生髮劑分成「醫藥品」、「醫藥部外品」、「化妝品」

生髮劑分成「醫藥品」、「醫藥部外品」，以及「化妝品」這3種。話說可在藥粧店及網路上購得的「醫藥品」級生髮劑，就是內含證實具醫療功效的「米諾地爾」。

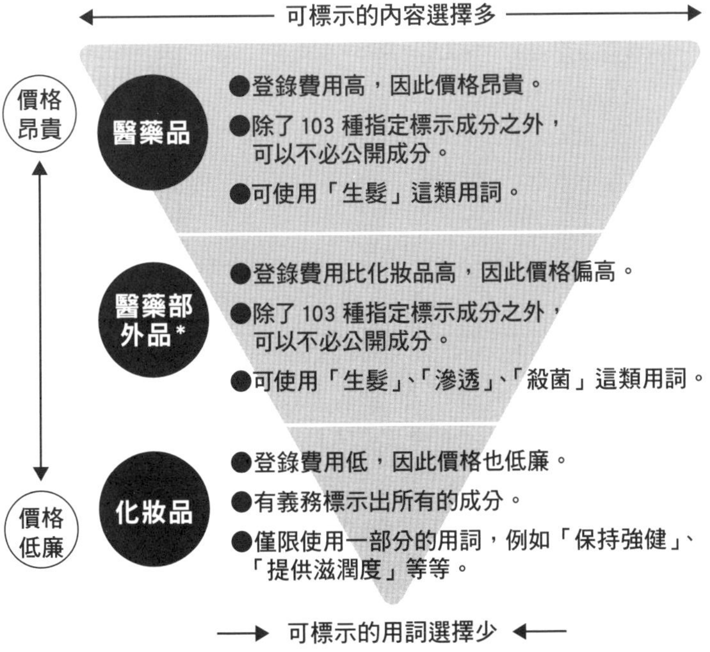
可標示的內容選擇多
價格昂貴
醫藥品
●登錄費用高，因此價格昂貴。
●除了 103 種指定標示成分之外，可以不必公開成分。
●可使用「生髮」這類用詞。
醫藥部外品*
●登錄費用比化妝品高，因此價格偏高。
●除了 103 種指定標示成分之外，可以不必公開成分。
●可使用「生髮」、「滲透」、「殺菌」這類用詞。
價格低廉
化妝品
●登錄費用低，因此價格也低廉。
●有義務標示出所有的成分。
●僅限使用一部分的用詞，例如「保持強健」、「提供滋潤度」等等。
可標示的用詞選擇少

＊介於醫藥品與化妝品之間的分類，重預防效果，改善功效比醫藥品緩慢，但無任何副作用，且任何人皆可販售。
※此分類為日本所有。

上醫院治療ＡＧＡ（雄性禿）時，所開立的處方就是內含「米諾地爾」的外用藥，以及含有名為「非那斯特萊」這種成分的內服藥。

米諾地爾（Minoxidi）原本就是研發用來讓高血壓患者擴張血管降低血壓的藥，但是因為在副作用方證實具有生髮效果，所以在經臨床試驗後，才被用做生髮劑使用。

內含米諾地爾的生髮劑，的確可使血管擴張並促進血液循環，具有供給頭髮必需營養的效果。只不過存在一個問題，那就是無法有助於深入解決頭皮血管變細這個根本性的原因。

因頭髮稀疏問題而前來頭部保養沙龍的顧客，幾乎１００％頭皮都很僵硬。**如果沒有透過正確的洗髮方式與按摩手法改善頭皮狀態的話，無論撤再多米諾地爾，只要一停用就會回復原狀。**

此外，在專業生髮診所裡，一般都會合併使用米諾地爾與非那斯特萊（Finasteride）進行治療，所以雖然並非生髮劑的範疇，但是也來針對非那斯特萊稍微解說一下。

非那斯特萊同樣原本是用來治療前列腺肥大的藥，但是因為會抑制名為「5α還原酶」這種導致男性落髮的賀爾蒙，所以才開始也被用來治療落髮。

非那斯特萊並不具有增加頭髮的作用，頂多只能「防止落髮」。因此一旦停止服用，落髮情形就會突然增加，所以很多人才會無法停用。

有時也會窺見「finpecia」、「finasteride」這些名稱，這都是使用了「非那斯特萊」此一成分的藥品名稱。

在此強調一下，即便想要暫時借助米諾地爾或非那斯特萊的藥效，但也應**同時進行「PULA式」生髮術，以確實改善整個頭皮的狀態。**

這樣一來，才能一直享有米諾地爾及非那斯特萊的效果，縱使停用之後，也不必害怕頭髮會變少。

無論如何都想使用米諾地爾或非那斯特萊的人，我建議大家**將使用時間控制在「2年以內」**。

當你使用了3～6個月，依舊無法親身感受到米諾地爾或非那斯特萊所帶來的生髮效果，而打算停用時，甚至於「已經長期使用10年的人」，也無需擔心。

透過「PULA式」生髮術可同時從根本解決頭髮稀疏的原因，假使過去你是早晚用藥的人，請改成1天用藥1次，過段時間再改成2天用藥1次，像這樣逐漸減少用藥次數就行了。雖然會因使用年數及頻率而異，但是請一邊調整狀態一邊視狀況，花幾個月的時間，逐漸減少用藥次數。

自己動手做生髮液，
簡單又有效！

第 3 章

你的洗髮方式有問題！

①「精油髮膜」方面

◆你知道有些汙垢用洗髮精洗不掉嗎？

假使不去理會廚房及浴室排水管道的汙垢，會變成怎樣呢？無論你再怎麼努力刷洗水槽或浴室磁磚，總有一天汙垢還是會堵塞排水管道，導致水流不下去，或是出現臭味等問題。

同理可證，我們的頭皮也是一樣，每天都會逐漸聚積汙垢。一般來說，這些汙垢稱作「皮脂」。正因為如此，每天用洗髮精充分洗淨皮脂，才會被視為有效生髮的方法之一。

但是正確來說，這些汙垢並不只是皮脂而已。所謂會**妨礙生髮的頭皮汙垢，其實是「氧化的皮脂」**。

皮脂會維持在弱酸性的狀態，以保持頭皮的滋潤度，避免細菌繁殖。只不過皮脂分泌後經過48小時以上，就會開始逐漸氧化，轉變成名為「過氧化脂質」的物質。

這種過氧化脂質其實不容小覷，因為它會導致落髮……，甚至會帶給日後長出來的頭髮不良影響。過氧化脂質除了會堵塞毛孔，還會慢慢地滲透，逆流至毛孔裡。

而且過氧化脂質還會與汗水及灰塵、未沖洗乾淨的洗髮精或護髮用品等汙垢混雜在一起，牢牢地黏附在頭皮及毛孔周圍。像這類殘留在頭皮上的氧化汙垢（混雜皮脂、洗髮精、灰塵等汙垢的氧化物質），無論你多麼仔細地用洗髮精清潔，通常還是很難去除。

◆洗髮精洗不掉的用精油髮膜就能去除！

牢牢黏附在排水管道的汙垢，你會如何去除呢？會使用強力清潔劑或漂白劑嗎？還是用刷子或棕刷使勁刷洗呢？

然而若在我們嬌弱的皮膚上使用如此強勁的清潔劑，或是大力刷洗的話，馬上就會造成損傷，大家肯定不想這麼做對吧？

事實上，**有一個方法可以去除頭皮的氧化汙垢，這個方法就是使用精油髮膜**。油脂汙垢會充分與同性質的油脂融合，也就是說，用油脂來溶解油脂。所以汙垢用精油慢慢融合之後，再用洗髮精沖洗乾淨即可。

精油髮膜過程中所使用的精油，請選擇100%天然成分的植物性油脂。例如荷荷巴油、橄欖油、椰子油、杏仁油、芝麻油、酪梨油等等。

這類的植物性油脂也能用來做精油按摩，所以可在精油店或網購商城找得到。

●精油髮膜使用前　　●精油髮膜使用後

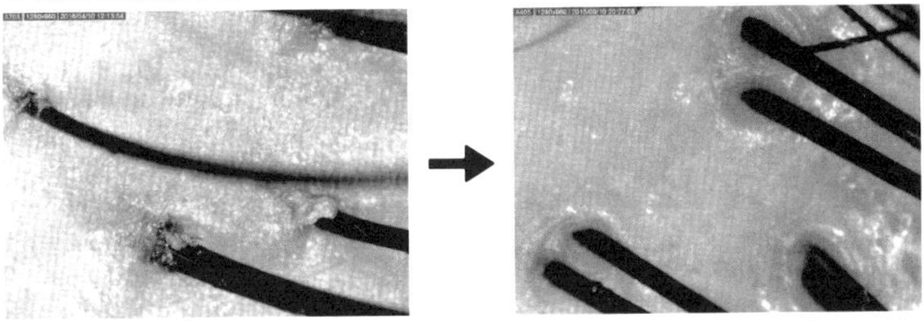

透過精油髮膜，可去除牢牢黏附在頭髮及毛孔上的汙垢（氧化汙垢），使毛孔擴張。

最近相當流行的摩洛哥堅果油，或許也會有人想要使用看看。只不過雖然摩洛哥堅里油的營養價值及滲透效果皆十分優異，但是價格非常昂貴卻是它的致命傷。我所推薦的精油髮膜需要使用大量的油脂，所以若是購買摩洛哥堅果油會讓荷包拉警報。無論如何都想使用摩洛哥堅果油的人，建議可當作美容液少量使用即可。

用作精油髮膜的植物性油脂，香氣及沖洗過後的觸感各有各的特色，所以大家可以依照各人喜好挑選。

只不過第1次使用精油髮膜時，建議採用肌膚親和力佳且清爽的荷荷巴油。芝麻油用起來的觸感也相當清爽且方便，所以也很推薦大家使用。

◆為什麼非天然成分的植物性護髮精油不可

天然成分的植物性油脂會與皮膚融合並滲透進去，所以請務必使用植物性油脂。除此之外，也**請避免使用食用油脂**，因為食用油脂的製法有所差異。

另外，雖然標榜「保護肌膚」的嬰兒油看似也很不錯，但是嬰兒油有時會使用科學合成的礦物油。由於礦物油的粒子較大，有時會堵塞毛孔，所以並不推薦大家使用。

再者，**化學合成的油脂有些還會內含不純物，因此會使費心進行的精油髮膜出現反效果。**

就連女性用來卸妝的卸妝油，也請避免用來做精油髮膜。大家或許會認為，「既然可以去除類似彩妝汙垢的油脂髒汙，應該也適合用來清潔頭皮汙垢」但是彩妝用的卸妝油，由於清潔力道強勁到可以分解彩妝成分，因此不適合頭皮使用。

大家也無需擔心，用來做精油髮膜的油脂殘留在頭皮上會不會導致氧化的問題。詳情容後再敘述，不過做完精油髮膜後還是會用洗髮精清洗2～3次，所以到時就可以將油脂去除掉了。到了隔天之後，大家應該也都會用洗髮精洗頭髮，所以假使仍有沒沖洗乾淨的油脂，到時也都能清洗乾淨了。

◆添加精油，效果更加可期！

精油髮膜也一樣，只要針對各種頭髮稀疏類型添加合適精油的話，效果更加可期。針對各種類型使用的精油，與「『PULA式』生髮液」一模一樣。

①從頭頂部位開始稀疏的「O型禿」⇓薰衣草

②從髮際線（頭部前方）開始稀疏的「M型禿」（兩側髮際線後退型）與「A型禿」（中央髮際線後退型）」⇓依蘭

③整體頭髮變稀疏的「整頭稀疏型」與分線清晰可見的「分線明顯型」⇓天竺葵

④從耳周開始變稀疏的「耳周稀疏型」⇓迷迭香

◆精油髮膜每月2～3次即可

【作法】

根據使用的植物油分量，調整針對各種類型所添加的精油量。精油量的比例調整方式如下：

「99％基底油（誠如前文已介紹過的荷荷巴油或芝麻油）搭配1％精

油。」

分量的測量方式已於第2章介紹過了，請參閱P69。

將這些油脂倒入容器中，再充分搖晃混合均勻。容器與第2章的「PULA式」生髮髮膜相同，建議大家使用盛裝蜂蜜或醬汁的容器（P75的插圖）。

【使用方式】

1.精油髮膜須在洗髮前進行，先用溫水（37～38℃最為理想）沾濕頭髮。

2.將容器前端放在頭頂的位置，再將護髮精油擠出來。此時須將容器前端伸進頭髮碰觸到頭皮，使護髮精油可直接塗抹在頭皮上。

3.從頭頂位置呈放射狀塗抹上護髮精油。塗抹上10條線條左右的護髮精油即可。

4.按摩2～3分鐘。透過按摩可使護髮精油與整個頭皮融合在一起，這樣護髮精油內含的營養成分與殺菌作用才能遍布在整個頭皮上。按摩手法

塗抹護髮精油的方式

①將容器前端放在頭頂的位置。

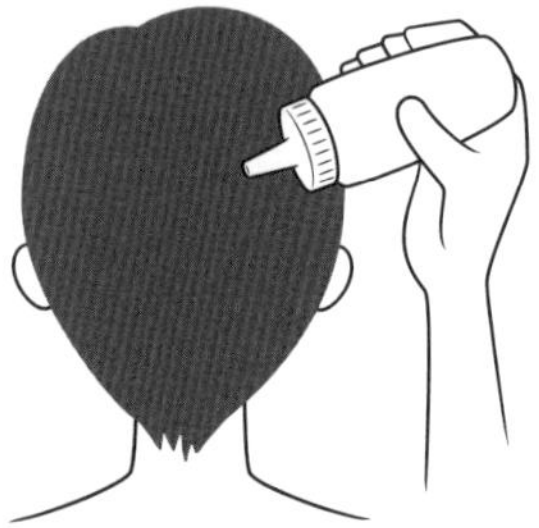

②從頭頂位置呈放射狀，塗抹上 10 條線的護髮精油。在意髮際線的人，也可以在髮際線塗上護髮精油。

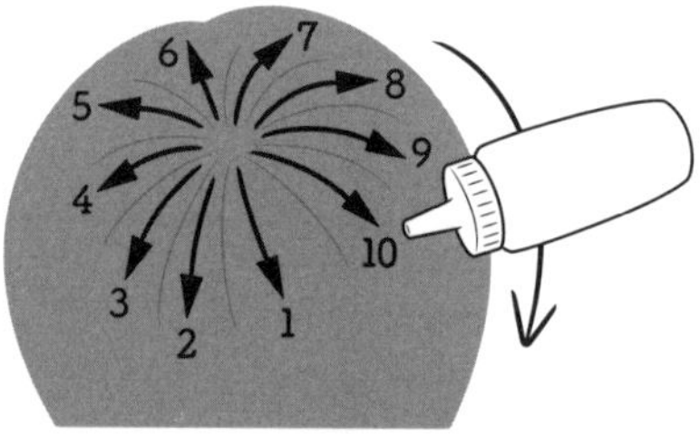

③依照與 P54「頭皮拉提」相同的按摩手法，包含頭部前方、後腦勺都要按摩 2 ～ 3 分鐘。按照這種方式將護髮精油與整個頭皮融合在一起。

與第1章介紹過的一樣，這裡再重新說明一次。

①將雙手手掌根部的鼓起處，完全擺在位於耳朵上方的凹陷處。

②然後重複將雙手往上拉提朝頭頂處靠攏，放鬆耳朵上方的頭皮。

5. 包含先前的按摩時間，將護髮精油直接（維持護髮精油塗抹在頭皮上的狀態）停留在頭皮上15分鐘。

6. 以溫水快速洗淨後，再用洗髮精沖洗乾淨。

此外，並不需要每次洗頭髮時都進行精油髮膜。每月定期做2～3次，就能在氧化汙垢積聚之前去除乾淨了。

只是從未做過精油髮膜的人，一開始請試著每週進行1次，並持續1個月左右。只要集中火力去除氧化汙垢，肌膚狀態的改變一定可以用眼睛就能看得出來。而且之前會有油臭味的頭皮惡臭，絕大多數都會減輕。重複掉髮後再重新長出來的頭髮生長周期，也會穩定下來。此外，同時仔細進行按摩的話，頭皮也會變柔軟。

精油髮膜在常溫下可保存1個月，只是使用前如果發出異臭的話，請丟棄再重新調製。

◆加上毛巾熱敷更能提升效果！

千辛萬苦調製出精油髮膜後，再為大家介紹可大舉提升效果的祕訣！

首先請備妥熱毛巾。熱毛巾的製作方式已於第2章的P76介紹過了，請大家參閱這幾頁的說明！

將熱毛巾包在頭上，可提高保濕效果，充分溫熱頭皮。這樣一來，毛孔便容易打開，使塗抹在頭皮上的精油，能滲透至囤積在毛孔深處的汙垢處，讓油脂汙垢容易被分解。而且毛細血管擴張後，血液循環也會改善，使放鬆效果更佳。所以就像這樣，好處多到不行！

②「洗髮精」方面

◆徹底洗淨油脂是大錯特錯的行為！

首先在談論洗髮精的話題之前，先來談談用洗髮精洗髮時，會令一般人難以置信的常識。

這個常識就是，「皮脂過多的話，將堵塞毛孔導致落髮」。因此越是受頭髮稀疏問題所擾的人，越常見到為了避免皮脂殘留而用力刷洗頭皮的傾向。

然而真正想要育髮的話，其實**並不可以過度去除皮脂**。因為一旦將皮脂連根刮除，我們的身體就會發出「警訊」，然後一股勁兒地產生皮脂，這樣將會引發兩大惱人問題。

其中一個惱人的問題，就是營養無法送達頭髮。一味製造皮脂致使營養失衡的話，頭髮便無法吸收到充足的養分。於是頭髮就會變纖細，還會容易落髮。

第二個惱人的問題，就是過度清洗將導致頭皮乾燥。所謂的乾燥（不是指缺油）是指缺乏水分的狀態。

頭皮一乾燥，賀爾蒙就會失衡，所以會分泌過多的油脂，像這樣只有皮脂分泌過多的話，就會呈現失衡狀態。一旦演變成這種狀態，就會使人感覺「頭髮油膩膩的」，於是又會讓人想將皮脂連根刮除……。過多的油脂囤積之後，又會想要徹底清除乾淨，這種情形將周而復始，而陷入這種惡性循環的人非常之多。

承前所述，保濕是生髮不可或缺的一環。由於乾燥現象正常都會持續一段時間，所以頭皮肯定會演變成頭髮稀疏的環境。

再者，絕大多數在醫院被診斷為「濕疹（脂漏性皮膚炎）」的人，其實只是在告訴你目前頭皮的狀況而已。往往在開立類固醇處方藥，或是解決黴菌問題後便沒有下文了。但是單純解決濕疹問題，只是治標不治本的治療方式。

想要斬草除根，必須解決頭皮的乾燥問題，否則濕疹只會一直持續發生。我認為單純的濕疹發生在女性身上的比例幾乎為零，男性則有不到1成的人會發生。老實說，**真正會長濕疹的人出乎意料地少**。

◆選錯洗髮精的話，無論任何護髮素都沒用

很多人每天都會洗頭髮，因此洗髮精的挑選非常重要。比起洗完頭髮後的護髮素，**選對洗髮精將大大左右能否解決頭髮稀疏的問題**，應避免因為

「電視上有在打廣告」、「因為價格很便宜」等理由，而隨易挑選洗髮精。

假使選錯了洗髮精，一直用錯誤的方式清洗頭髮及頭皮的話……，寶貝的秀髮究竟會有何下場呢？以下彙整了挑選洗髮精時必須事先了解的注意事項。

◇「無矽靈」不一定對頭髮最好

究竟應以什麼標準來挑選洗髮精才恰當呢？

每當顧客來到我所經營的頭部保養沙龍，我都會詢問他們「你常用哪一種洗髮精」，結果實在有非常多的人會回答：「我都用無矽靈洗髮精」。大家似乎普遍認為，「無矽靈＝有益頭髮及頭皮的天然洗髮精」。

所謂的矽靈，是用來包覆頭髮的成分。然而洗髮精的目的明明是用來清除頭髮及肌膚上的汙垢，一旦內含包覆成分的話，將令人質疑是否會殘留多餘物質在頭髮及頭皮上，因此才會推出無矽靈的洗髮精。

當然站在「生髮」的立場而言，比起內含矽靈的洗髮精，最好還是應該選擇不含矽靈的產品。

只是有相當多的洗髮精**一味強調「無矽靈」，但卻使用了不當成分**。或許其用意就是為了讓人將注意力擺在「無矽靈」上，藉此轉移投注在不當成分上的目光。

無論如何，請避免看到標示「無矽靈」，便不疑有他地選擇這項產品。

在這裡我想要強調的是，**還有其他成分遠比矽靈更會帶給頭髮及頭皮不良影響，那就是合成界面活性劑**。

無論哪一種洗髮精，都含有界面活性劑作為洗淨成分。這些界面活性劑大致上可分成3種。

①高級酒精（動植物油脂加工後的產物）。
②肥皂（肥皂原料加工後的產物）。
③胺基酸（天然素材胺基酸加工後的產物）。

這3種界面活性劑當中，「①高級酒精」就是屬於合成界面活性劑。合成界面活性劑可用低廉成本製造出來，由於容易起泡，所以似乎深受消費者歡迎。而價格便宜的洗髮精，絕大多數都使用了合成界面活性劑。

◆不透明的洗髮精是造成頭髮稀疏的元凶

為什麼合成界面活性劑對頭髮及肌膚不好呢？

第一點是因為**合成界面活性劑的洗淨力過強**。用於洗髮精的合成界面活性劑，與清洗餐具的清潔劑屬於相同物質。如同可完全清除沾附在餐具上的油汙一樣，**會連根將皮脂沖洗乾淨**。

其次是因為合成界面活性劑使用了**毒性強烈的成分**，例如相傳內含「十二烷基聚氧乙醚硫酸鈉」這種具**致癌性**，以及類似「十二烷基硫酸鈉」此類**有礙生髮**的物質。

洗髮精的成分，無論沖洗得多乾淨還是會殘留在頭皮上。毒性強的物質要是附著在肌膚或毛孔上，大家應該不難想像會有多麼不利於生髮了。

此外，由於合成界面活性劑的洗淨力強，因此會**殺死存在於頭皮上好的常在菌**。由於殺死了常在菌，再加上缺乏皮脂膜的狀態下，頭皮環境將遠遠稱不上正常。

於是**汙垢就會難以被分解，而且會沾黏上過剩的皮脂，或是乾燥後變得容易出現頭皮屑**。還有頭皮的環境會惡化，比方說會**長面皰**，**皮膚也會變**

粗糙而形成帶搔癢感的脂漏性皮膚炎等等。

有一個很簡單的方法，可以用來辨識你正在使用的洗髮精是否很有可能使用了合成界面活性劑，這個方法就是「**看看洗髮精是不是透明的**」。

透明的洗髮精，大多是使用了胺基酸成分界面活性劑的洗髮精。使用了合成界面活性劑的洗髮精，毫無例外都是呈現白色或是染上其他顏色。

為什麼合成界面活性劑的洗髮精會染色呢？這是有原因的。使用了合成界面活性劑的洗髮精，由於洗淨力強，會過度去除皮脂，因此會內含避免頭髮及肌膚乾燥的油分，而在補充這些油分的過程中，會產生混濁現象，所以最後才會染上顏色。

◇如何透過成分標示辨識洗髮精

另外，還有一個方法，就是透過成分標示來檢視。成分標示有規定須依照內含量的多寡排序，大部分排在第1項的是「水」，標示在第2～5項則是清潔成分。洗髮精的成分光是水及清潔成分便佔了6～7成左右，所以留意清潔成分是很重要的一件事。

在清潔成分的部分，**應避免標示為「○○硫酸」的硫酸類成分**，好比會標示成「十二烷基硫酸～」、「十二烷基聚氧乙醚硫酸～」。**「烯烴磺酸鈉（C14-16）」的標示也要特別注意**，只不過越是寫在接近開頭處的話，通常是用來作為調整劑，而且會標示於中間以下的位置，這樣便無須過於在意了。

想要尋找有益頭皮環境的洗髮精，不妨試著用「胺基酸　洗髮精」這個

關鍵字來搜尋。

或者也能參考成分標示，倘若使用「lauroyl○○」、「cocoyl○○」這類界面活性劑的話，便可稱得上是胺基酸類的洗髮精。

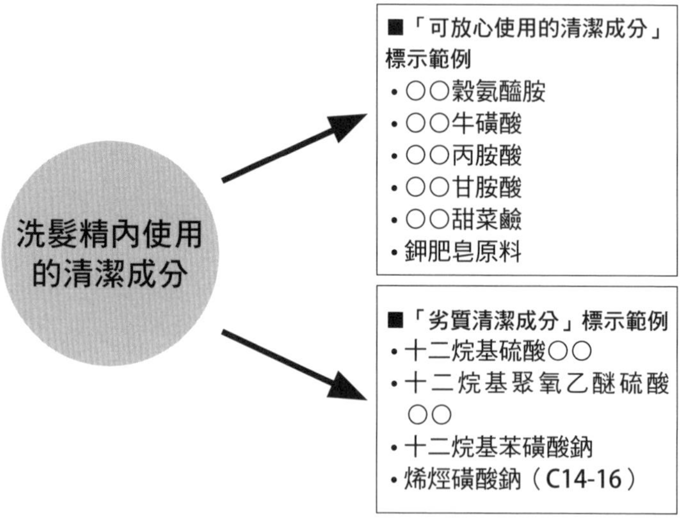
洗髮精內使用的清潔成分
■「可放心使用的清潔成分」標示範例
•○○穀氨醯胺
•○○牛磺酸
•○○丙胺酸
•○○甘胺酸
•○○甜菜鹼
•鉀肥皂原料
■「劣質清潔成分」標示範例
•十二烷基硫酸○○
•十二烷基聚氧乙醚硫酸○○
•十二烷基苯磺酸鈉
•烯烴磺酸鈉（C14-16）

◆「Poo-Free」能看出效果的人有限

最近不使用洗髮精，單用熱水清洗的「Poo-Free」十分受到矚目。

眼見年過70歲頭髮依舊濃密的男性

作家也在這麼做，所以似乎也有不少人開始期待「自己說不定也能變得像他一樣」。

但是我認為「Poo-Free」能看出效果的人，極為有限。因為靠「Poo-Free」無法去除乾淨的汙垢，將逐漸囤積在頭皮上。

「Poo-Free」能發揮效果的人，就是長時間一直使用內含合成界面活性劑洗髮的這群人。持續強行去除皮脂，導致肌膚受損的人，為了讓頭皮休養暫時這麼做，或許有所成效。

但是當肌膚回復健康後卻還繼續執行**「Poo-Free」的話，並無法改變氧化汙垢會不斷積聚在頭皮上的這個事實**。而且接下來，不再是合成界面活性劑會妨礙頭髮生長，而是氧化汙垢會阻礙頭髮生長了。

③「淋浴水」方面

◆自來水中的氯對髮質相當有害

承前所述，「『PULA式』3步驟生髮理論」的其中一項論點是：「別給頭皮提供毒素」，然而**對於頭髮及頭皮最不利的「毒素」，就是自來水中的氯**。

日本的自來水，依照法律規定「氯濃度須保持0.1ppm以上」。也就是說，從家家戶戶水龍頭流出來的水，一定會內含0.1ppm以上的氯。曾有此一說，傳聞在東京或大阪等大都市，大多會出現1ppm以上的觀測結果。似乎越靠近淨水廠，氯濃度確實也會越高。

大家小時候是否曾經因為學校游泳池水中所摻雜的氯，導致眼睛變得紅通通，或是皮膚搔癢呢？加入游泳池中的氯，規定濃度須達「0.04ppm以上」。然而我們平常洗頭時所使用的水，其內含的氯濃度可能遠超過這個標準。

這樣會多麼刺激頭髮及頭皮，大家有想過這個問題嗎？

不只會造成刺激而已，因為氯原本就是為了殺死存在於自來水中的病原菌等物質，才會加入水中作為消毒之用，所以殺菌效果非常顯著，據說0.1ppm的濃度，僅需1分半鐘就能使大腸菌全部消滅。

因此，每天用含氯的水洗頭髮的話，將會**殺死頭皮上好的常在菌，使頭皮環境惡化**。

此外，**當氯與水中的有機物引起反應後，就會產生致癌物質三鹵甲烷**。因此甚至有人質疑大腸癌增加，恐怕是因為在溫水洗淨便座的普及之下，將內含氯的自來水噴射至肛門的關係。

◆氯會在瞬間被頭髮及頭皮吸收

有一個簡單的實驗，可以一目了然地說明頭髮及皮膚會吸收自來水的氯到什麼程度。這個實驗所使用的藥劑名為餘氯測試劑，溶於水中即可與氯含量起反應，呈現出粉紅色。

首先，請將這個藥劑倒入完全由水龍頭流出的水中，會呈現鮮豔的粉紅色。其次，備妥2個杯子。將自水來倒入杯中，把頭髮浸泡在其中1個杯中10秒鐘的時間。再於另1個杯中，將手指直接插進去10秒鐘。接下來，將這個藥劑倒入2杯水中實驗看看。

結果令人十分驚訝，水中幾乎不會呈現出粉紅色了。由此可知，**僅僅10秒鐘，自來水中內含的氯便幾乎全被頭髮及皮膚（當然也包括頭皮）吸收了。**

（※這項實驗的示意圖刊載於一開頭的P6～P7。）

◇超簡單，只要動手裝設一次即可！

如果要認真著手「生髮」的話，絕對必須去除洗髮時水中的氯。話雖如此，但是去除氯一點都不困難。你要做的，就只是在蓮蓬頭上裝設去除氯的設備而已。只要裝設完成後，就能去除過去大量淋在身上的毒素，所以效果立見。

前來我旗下頭部保養沙龍的顧客，我一定會建議他們更換蓮蓬頭。結果單單只是換了蓮蓬頭而已，很多人便開心地向我反應「不會搔癢了」、「頭髮出現光澤且變強韌了」等等。有些人使用過一陣子後，甚至還說他們「頭髮變多了」。而除氯蓮蓬頭，在居家修繕中心等處即可購得。

很多人一提到生髮，就會率先聯想到生髮劑，但是只要尚未推出人人見效的生髮劑，與其花錢買生髮劑，倒不如將錢投資在防毒設備上頭，這樣也算是在幫大家降低成本。

此外，除氯蓮蓬頭有各種類型，有些必須定期更換濾心，請留意要記得更換。

◆淋浴水溫不對，就會導致頭髮稀疏

我都會向前來頭部保養沙龍的顧客詢問：「你們平時都是怎樣洗頭髮的？」

結果尤其是男性，很多人的洗頭方式都是「為了徹底洗淨皮脂，而會使用溫度較高的熱水」。過半數人都認為，用40℃左右的水溫洗頭才能洗得乾淨，甚至有人「早上為了提振精神，將熱水設定在42℃淋浴」。

但是倘若**考量到生髮的問題，事實上40℃以上的水溫已經過高了**。因為過燙的熱水，會過度除去皮脂。

話雖如此，**35～36℃的水溫又低了點**。

頭皮上的皮脂腺，有額頭及鼻頭的2倍之多。因此，溫度過低的溫水無法洗淨不需要的皮脂，導致氧化汙垢容易囤積。

最適合頭髮及肌膚的水溫，為37～39℃，也就是微溫的水溫。

④「洗髮方式」方面

◆用手掌洗頭比用手指洗頭更好

更換蓮蓬頭，將水溫稍微調低，選擇未含合成界面活性劑的洗髮精後，接下來只剩一點必須注意。就是重新檢討平時的「洗髮方式」，使每天的沐浴時間變成「生髮時間」。

你平常都是用什麼方式在洗頭髮的呢？

9成以上的人，應該都是用手指指腹或指甲，用力抓洗整個頭部，但其實這麼做是大錯特錯。

無論任何人，洗臉時照理說都不會用手指或指甲抓洗。就連洗身體，也不會用手指或指甲在抓洗對吧？用手指或指甲抓洗的話，將過度刺激頭皮導致損傷，而且還會引發乾燥現象，也容易漏洗局部頭皮。

洗頭髮時，有助於去除汙垢的是洗髮精的泡沫。無論你多麼用力地抓洗，指尖或指甲也無法深入毛孔，但是泡沫卻能完全進入毛孔，幫助汙垢排出。因此**第一步切記應充分起泡，再將泡沫整個遍布在頭皮上。**

此外，還要加上第1章P54～P55所介紹的「萬能型按摩手法」中的「用手掌拉提耳朵上方頭皮」。使用雙手手掌的凹陷處與雙手的指腹，將耳朵上方的頭皮往頭頂正中央的位置拉提4～5次。並請依照相同作法，再將後腦勺與頭部前方部位也往上再往上拉提。

重點在於絕對不能抓洗，而要將受重力拉扯後緊縮的毛孔往上拉提擴張開來。毛孔打開後，**多餘的皮脂自然就容易排出，以免有地方沒洗乾淨，甚至血液循環也會變好。**

而且，將過去會導致頭髮不良影響的抓洗時間用來拉提後，甚至能順便保養頭皮。

若能讓毛孔呈現打開的狀態，從每個毛孔長出來的髮量就會變多，毛髮會變粗壯。反觀從微小毛孔長出來的頭髮，則會又少又細。

另外，在頭頂處的部位，只須用手掌像洗臉一樣溫柔清洗即可。

「頭皮癢到受不了」的人，**其實過度用力抓洗後，絕大多數都會頭皮受傷而發炎**，完全陷入「用力抓洗→發炎→癢到受不了又用力抓洗→發炎症狀惡化」的惡性循環。

再者用合成界面活性劑的洗髮精過度清洗之後，有時也會演變成好的常在菌消失。

頭皮屑多的人，似乎大多會過度抓洗。

頭皮如能正常進行新陳代謝，剝落下來的皮膚會小到眼睛看不見。類似頭皮屑這麼大的角質細胞剝落，恐怕是因為用力抓洗以致皮膚損傷，或是過度去除皮脂而變得乾燥所導致。

每次上美髮沙龍，通常都會為顧客使勁抓洗每一處頭皮，然後再問顧客「有沒有哪裡會癢？」，但是其實那樣都已經洗得太超過了。

◆洗頭基本上須洗2次

一直在使用強勁洗淨力洗髮精的人，似乎很多人洗1次就會感覺清爽無比。

但是，洗頭基本上須洗2遍。第1遍是為了將皮脂、汗水、灰塵等當日的汙垢去除掉。接下來洗第2遍時，則要慢慢地按摩頭皮。

①首先用蓮蓬頭的熱水沖洗頭髮與整個頭皮。

事實上這個步驟是洗髮最重要的流程之一。

大部分的人都以為「只要大致淋濕即可」，但在此時事先將灰塵及汗水徹底沖掉的話，可使第1遍洗頭的泡沫更豐富，所以無須用力抓洗也能充分去除汙垢。此外，在這個階段可使血液循環變好，讓毛孔容易打開。

首先，請將雙手手指插入頭髮之間。再將手掌稍微彎起來，用手掌盛起蓮蓬頭的水。用雙手手掌盛起水之後，用如同沖洗臉部的方式來沖洗頭皮即可，這樣說明大家應該容易理解了吧？請將盛在手掌中的水，大量倒在頭皮上沖洗。因為這麼做的話，會比用蓮蓬頭淋水更能溫熱頭皮。

②其次，進行第1遍洗頭。

洗髮精要倒在手掌上，然後輕柔起泡。再用類似按摩的方式，使泡沫能完全遍布在整個頭皮上。接著像是要將泡沫按壓在肌膚上的感覺，最後再沖洗乾淨。

請避免直接將洗髮精倒在頭皮上，因為這樣子泡沫會從倒洗髮精的地方擴散開來，所以會出現泡沫較濃與較稀的部位。

而且第1遍洗頭甚至不需要按摩，嚴格來說最好不要按摩。因為第1次的泡沫會存在汗水、皮脂、空氣中的灰塵及細菌與洗髮精混雜的物質，用這些泡沫按摩充分與頭皮融合的話，有時恐會引起搔癢現象。

③第2遍洗頭要將洗髮精倒在手掌上，待起泡後再塗抹在頭皮上。

在這個步驟請好好按摩頭皮。第2遍洗頭的泡沫，成分只有洗髮精，所以很乾淨，因此此時手容易滑動，按摩起來會輕而易舉。

◆男性髒在頭部前方，女性則在後腦勺……

按摩後，須用蓮蓬頭的流水將洗髮精仔細沖洗乾淨。**沖洗的方式並沒有嚴格規定**，可如同洗頭之前用熱水大量沖洗，也能用手拿著蓮蓬頭以各種角度沖洗。

唯獨有1點，男女須留意的地方不一樣，因為男女沖洗頭髮時的姿勢並不相同。

大部分的男性，都會低頭從後腦勺開始沖洗。

反觀女性則多會將頭朝上，由額頭開始用蓮蓬頭的水沖洗。因為女性的頭髮比男性還要長，所以低著頭沖洗的話，抬起頭時頭髮便容易糾纏在一起。

因此，男性在頭部前方（髮際處），女性則是在後腦勺的脖子根部，會殘留較多的洗髮精。而且殘留的洗髮精日積月累之後，將形成頭皮異臭的起因。

所以男性在髮際處，女性在後腦勺尤其靠近脖子的部位，應充分沖洗乾淨。

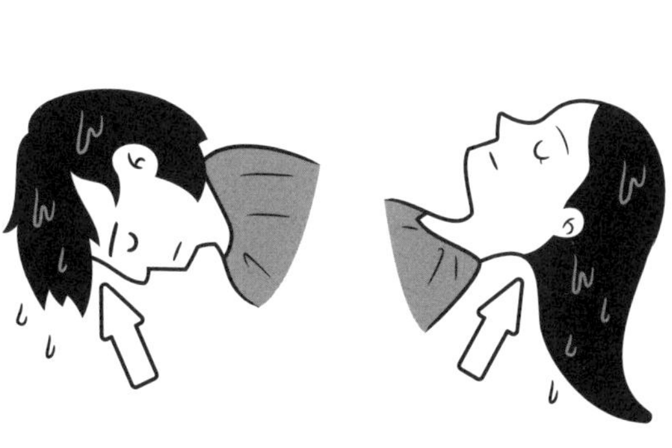

⑤「頭髮乾燥」方面

◆原則上不要使用吹風機

洗完頭髮之後，須使用毛巾將水分擦乾使頭髮乾燥。此時也是一樣，不能用力搓揉肌膚，應輕輕拍打擦乾。如果是留有一頭長髮的女性，最好用毛巾將頭髮包起來，然後輕輕地拍打毛巾才容易去除水分。

「PULA式」生髮術，基本上是不使用吹風機的。因為吹風機的熱風會使頭皮乾燥。

一般的吹風機，通常設定成在距離頭皮5cm處，維持100～110℃

左右的熱風。若用超過１００℃的熱風吹在臉上，正常來說眼睛與肌膚都會感覺刺痛，而想要將臉背過去。頭皮也是肌膚，所以胡亂使用吹風機一定會導致疼痛。

另外，人類的體溫為36℃左右，尤其是距離根部５cm左右的頭髮，洗完頭後只要經過15分鐘，水分就會自然蒸發了。

聽我這麼一說後，經常有人反問我：「讓頭髮自然乾燥的話，在乾燥期間細菌不會繁殖嗎？」

想當然耳，洗完頭後頭髮還濕濕的狀態下直接就寢的話，頭髮根部會不容易乾燥，使得細菌繁殖的可能性升高。

但是只要洗頭後不上床，暫時繼續活動的話，頭髮短的男性大多會變乾才對。我認為**男性大約需要15分鐘，長髮的女性也只需要80分鐘左右，單用毛巾擦頭髮應該就能自然乾燥了。**

僅限洗頭後想馬上就寢時，或是頭髮長度相當長且很難乾燥的女性，偶爾使用一下吹風機也無妨，但還是極力希望大家不要使用。

萬不得已得使用吹風機時，應盡可能在角度上下工夫，避免頭皮直接吹到熱風。絕大多數的人，都會從側邊拿著吹風機對著頭，將頭髮吹到全乾。結果導致頭皮也吹到大量熱風，因而變得乾燥。

使用吹風機應盡量由上朝下，只對著頭髮吹風就好。

此外不用熱風而改用冷風的話，對

頭皮的影響也會減輕許多，因此最好使用冷風來吹頭髮。

另有使用低溫風＆遠紅外線，搭載「頭皮養護」機能的吹風機，這也會比過去的產品更不容易傷害頭皮，所以最好購買此類產品。

⑥「紫外線」方面

◆不只臉，就連頭皮也該預防紫外線的傷害

最後還要來談談紫外線的話題。紫外線也和氯及過氧化脂質一樣，對頭髮而言都算是毒素，因此順便為大家解說一下。

大家都知道，紫外線會造成肌膚老化，然而哪怕是拼命在臉部及身體上塗抹防曬用品的人，對於頭皮的防曬卻是一點都不用心。

由於**頭部位在我們身體的最上方，因此據說照射到的紫外線為臉部的2倍以上**，所以一直曬太陽的話，會給頭髮生長帶來不良影響。

頭皮曬太陽後，就和臉部及身體的皮膚一樣，**膠原蛋白以及彈性蛋白這類的肌膚彈性成分會受到破壞。於是頭皮會變硬，毛孔會收縮起來。**

此外，在強烈陽光的照射之下，**汗水及皮膚也容易氧化。**舉例來說，就和天婦羅炸油重複加熱使用數次後，會變黑氧化的道理一樣。一旦過氧化脂質逐漸形成進入毛孔裡，除了**正在生長的頭髮之外，就連日後想要長出來的頭髮都會受損。**

尤其在夏天，強烈日照會使毛根感覺疼痛。然而紫外線的傷害，大約在3個月後才會浮上檯面。

也就是說，在6月曬太陽的話，9月會看到後果；7月曬太陽，則會在10月發現損傷；然後8月曬太陽的話，等到11月就會感到受損現象，因為一到秋天，頭髮就會從脆弱的毛根驟然脫落。在頭部保養沙龍，也是在9月、10月、11月，會比其他月份多出3倍的諮詢人數蜂擁而至。

日照強烈的時期，應多加留意，盡可能戴帽子、撐傘等等，用物理性的方式來阻隔紫外線。

相傳戴帽子時的熱氣對頭部不好，但是每天洗頭，再加上清潔的帽子，那便不成問題了。請避免紫外線的傷害，積極配戴清潔的帽子。

第 4 章

留意飲食
頭髮更健康！

◆為了減肥上健身房做訓練，結果頭髮卻變稀疏了……

先前已為大家介紹過，根據「『PULA式』3步驟生髮理論」的頭部保養方法。只要能夠身體力行這些保養方法，就能調理出妥善的環境來幫助頭髮生長。

如果還心有餘力的話，**不妨再留意一下飲食。因為你的身體以及毛髮，都是由食物製造出來的。**

舉例來說，近年來盛行「減肥不吃碳水化合物」。由於只須減少米飯、麵包、麵食等碳水化合物，肉類、魚類，甚至酒等偏好的食物都不需要克制，所以「簡單易達成」而備受歡迎。

然而卻有名30幾歲前來頭部保養沙龍的女性，為了減肥不吃碳水化合物後，竟導致頭髮日益稀疏。

這名女性是因為某一天「發現髮際線明顯」，而開始前來頭部保養沙龍接受療程。經過約3個月之後，原本變細的頭髮逐漸強健起來，「只差一步」就能實現髮際線不再清晰可見的目標。

然而接下來經過2個月後，當她來到頭部保養沙龍時，頭髮竟變得比當初受頭髮稀疏困擾時更加稀少了。

「你發生了什麼事嗎？」、「生活習慣有改變嗎？」一問之下才知道，原來她「為了減肥接受了一對一的訓練課程」。

據說她前往了電視廣告上宣稱「2個月就能看出成效！」的知名健身房，在接受鍛鍊的同時，也依照所指導的方式控制飲食。

然後該健身房所指導的飲食方式，就是大幅減少所攝取的碳水化合物。

體重雖然明顯減少了10kg，身體曲線也變得緊實曼妙，但卻開始落髮了。

◆營養最後才會送達頭髮與指甲

不只這名女性出現了這種現象，在我身邊有數十人，都曾為了減肥採行極端的營養限制，因而導致頭髮稀疏。

碳水化合物，尤其是由精製後的小麥製作而成的麵包或白米等等，一旦過度攝取，血糖值就會急劇上升，所以為了抑制這種現象，胰島素便會過度分泌出來。由於胰島素具有抑制脂肪分解，並提高脂肪合成的作用，所以吃太多麵包或白米的話，的確容易變胖。

因此我了解那種想在短時間內減肥時，會想要減少碳水化合物的心情。但是，碳水化合物是很重要的營養素之一，可成為我們活動的能量源。極端減少的話，身體就會陷入營養不足的狀態。

於是人類的身體，將會開始優先將營養運送至生存時必需的器官去。至於不會直接影響生命活動的部位，就會延後營養送達的時間。

心臟停止跳動，血液便無法流動。還有肺臟衰弱，將導致無法呼吸，內臟停止運作時，就無法消化食物轉換成營養。因此，控制飲食最先受到影響的，就是頭髮或指甲等末端部位。

飲食最重視均衡。即便在減肥時，倘若考量到頭髮問題的話，應避免完全不吃碳水化合物、絕對不攝取肉類或魚類這種極端的飲食控制。

還有早餐請充分攝取。想要生髮的人，3餐中最重要的就是早餐。中午及晚上攝取的營養，由於是活動後的飲食，所以具有容易消耗用來生成肌肉或分泌賀爾蒙的傾向。早餐的話，其營養則會偏向完全用來生髮。

◆炸豬排蓋飯是M型禿的源頭，拉麵是O型禿的元凶？

另外，反觀老是一直吃同樣的食物，也對頭髮不好。特別是男性喜歡吃蓋飯或拉麵等簡單料理即可食用的餐點，而且往往一吃就是好幾餐。

事實上有一點現象非常有趣，那就是可依照每個人對食物的偏好程度，來推測出你屬於哪種頭髮稀疏類型。

首先**喜愛吃炸豬排蓋飯，還有燒肉或漢堡排等油膩食物的人，推測容易變成「M型禿」、「A型禿」**。

因為想要消除眼睛疲勞，攝取蒜頭及菠菜等黃綠色蔬菜，或是竹筴魚和青花魚是最有效果的。老是吃些油膩的肉類，這類食物便容易攝取不足。於是眼睛疲勞會日益累積而導致頭皮緊繃，漸漸演變成「M型禿」、「A型禿」。

還有任何食物都要淋上醬油才吃得下，或是愛吃類似拉麵等重口味食物的人，推測容易變成「O型禿」。

吃下含有大量鹽分的食物之後，血壓便容易偏高。這種狀態一直持續下去的話，血液流動就會逐漸遲緩，因此頭頂部位的血液循環就會變差。

◆別喝茶或咖啡，應喝常溫水

即便沒有過度攝取重口味的食物或是重鹹的食物，我們的身體還是隨時需要水分。

據說人類每天都藉由汗水、尿液、呼氣而流失掉2～3公升的水分。因此有必要勤於補充流失掉的水分，使身體保持固定的水分。

水分一旦不足，首先血液就會開始黏稠。於是血液循環會變差，因此營養便很難送達位於頭皮這部分的毛細血管。

水分攝取量會因體重及季節而有所不同，但是**1天請以1公升為參考依據。很難做到的人，1天從500毫升開始也無妨。**

順便提醒大家，類似茶或咖啡這類的嗜好飲品，並不包含在上述的水分攝取量當中。單純應該喝下肚的「水」量，就是這些分量。

因為茶或咖啡裡頭，除了水之外還含有咖啡因等其他會產生作用的成分。尤其咖啡因會促進利尿作用，因此**請勿將茶或咖啡計算進1天必需的水分攝取量當中。**

此外，**水要盡量喝常溫水。**冰涼的水會使內臟冷卻，導致血液循環變差。

還有一口氣喝下大量的水，在水分遍布全身之前就會被排泄掉了。因此請在感覺「口渴」之前，分次少量攝取。

◆用獨創蔬菜高湯使頭髮活力十足！

我自己過去在煩惱頭髮稀疏問題時，除了按摩及洗頭之外，還曾嘗試改變各種生活習慣。

現為大家介紹其中一項乍看之下微不足道，但是持之以恆地做下去後，就會親身感受到「對頭髮有所助益」的方法，那就是「PULA式」獨創蔬菜高湯。作法非常簡單，如下所述：

【材料】

- 1/4顆高麗菜
- 1顆青花菜
- 2～3根紅蘿蔔
- 2～3顆番茄

【作法】

1. 用手將高麗菜外側的菜葉撕成容易入口的大小，青花菜留下莖部再分切成容易入口的大小，紅蘿蔔去蒂後連皮直接切成輪狀，番茄去蒂後切成半月形。
2. 將礦泉水倒入鍋中，且礦泉水的分量必須可以完全淹過食材，然後開大火將水煮滾。
3. 將所有作法1的材料倒入鍋中。
4. 轉小火煮15分鐘後，獨創蔬菜高湯便完成了。

接著來看看每一種蔬菜的效能。

●高麗菜

含有豐富的維生素U（cabagin），可提高胃部機能，改善消化。以中醫的角度來看，還能改善與頭髮健康狀態關係密切的腎機能。

●青花菜

可提高腎機能，也對改善虛弱體質有所助益。由於抗氧化效果佳，具有提升免疫力的作用，因此也能幫助預防老化及防止高血壓。

●紅蘿蔔

富含維生素A，可提高養血的肝臟功能，還能有效改善視力低落等問題。

●番茄

可提升胃部及肝臟機能，且具解毒作用，因此也能美容肌膚。番茄內含的番茄紅素裡頭，具有預防癌症及動脈硬化，以及提高免疫力的功效。

上述4種蔬菜為基本食材。另外還能依個人喜好，嘗試加入下述食材。

●枸杞

具養護肝臟及腎臟，滋養強壯效果及回復視力的作用。

●紅棗

推薦低體溫、虛弱體質的人食用（不適合高血壓及怕熱的人食用）。補血養氣。可強壯脾臟及胃部。使體溫升高。

蔬菜高湯稍微放涼後，只要放入冷藏庫保存，就能食用大約1個禮拜的時間。

運用方式十分多樣化。

首先能製作成冰沙。將1/4顆蘋果、半根香蕉加入這個蔬菜高湯中，然後倒入食物調理器就行了。完全吃不出蔬菜的味道。

另外，也能將蔬菜高湯移至小鍋中，便能加以活用製作成味噌湯、咖哩、蔬菜湯等料理了。

剛開始食用的頭幾天，很多人排便會變順暢，體溫會升高，皮膚會變好。接著只要經過半年，頭髮及指甲就會逐漸變漂亮了。

◆攝取大豆等植物性蛋白質比海藻更重要！

不少人相信「海帶芽對頭髮很好」。

這些人都說他們「因為頭髮開始變稀疏了，所以一個勁兒地猛吃」，但是很遺憾的是，並不會因為吃了海帶芽，這些營養就會轉變成頭髮。

因為包括海帶芽在內的海藻，幾乎不含可成為頭髮原料的蛋白質。只不過海藻類內含的碘，具有促進血液循環的作用，因此能間接預防落髮及頭髮稀疏。

富含可有效生髮的蛋白質食物，不管怎麼說還是大豆等豆類。

在蛋白質這方面的營養層面而言，大豆與肉類等食物都是一樣的，但是肉類這類歐美飲食文化滲透進日本社會，也不過是這數十年極短時間內的事情。在這之前的漫長歲月裡，我們日本人所擁有的腸道及酵素，一直都

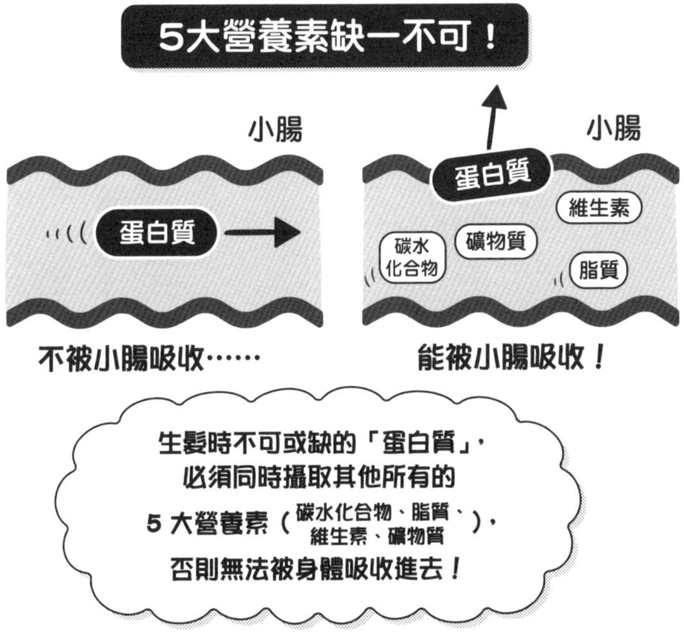
5大營養素缺一不可！
小腸
蛋白質
不被小腸吸收……
小腸
蛋白質
維生素
礦物質
碳水化合物
脂質
能被小腸吸收！
生髮時不可或缺的「蛋白質」，
必須同時攝取其他所有的
5大營養素（碳水化合物、脂質、維生素、礦物質），
否則無法被身體吸收進去！

是在豆類的養護之下，並不太適合用來消化肉類。因此，植物性蛋白質的吸收能力較為優異。

就連外國人吃生魚片後容易拉肚子，也是因為外國人不適合吃生食的關係。

再者，有些人往往以為只要攝取蛋白質就沒問題了，但是**蛋白質如果不與其他5大營養**

素一同攝取的話，便無法被小腸吸收，也就是無法送進身體裡。所謂的**其他5大營養素，就是碳水化合物、脂質、維生素、礦物質。**

攝取蛋白質是不可或缺的一件事，但是老選這類食物來吃也不行。這句話聽起來或許很理所當然，總之請大家記得要**用心攝取各類食材，維持營養均衡的飲食。**

最簡單明瞭的作法，就是**與其選擇吃蓋飯等單品料理，倒不如選擇吃定食。**類似主食、主菜、2道副菜、湯品這樣的套餐組合，才容易攝取到營養均衡的飲食。如果要從大豆等豆類攝取蛋白質的話，不妨考量涼拌豆腐等菜色。

◆酒精未必對頭髮有害

想讓頭髮長出來的時候，在食物及飲品方面，很多人都會擔心酒類的攝取問題，大家似乎都會以為：「聽說喝太多酒對身體不好，所以應該也對頭髮不好……」

不過有一個好消息要告訴愛喝酒的人知道。只要**不是大量飲酒，其實酒精有益生髮**。因為酒精可以促進血液循環，有助於溫熱身體。

只是無論怎樣都要適量。這裡所謂的**「適量」，是指隔天喉嚨不會乾乾的，起床時神清氣爽的程度**。

飲酒過量會對生髮產生不良影響。大量喝酒之後，體內水分會被用來分解酒精，因此會口渴。像這樣的脫水狀態持續下去的話，頭皮便容易乾燥，所以會帶給頭髮不良影響。

喝酒時，最好應注意同時喝下與酒精相同分量的水分。

此外，酒的種類五花八門，但是尤其推薦大家喝日本酒。日本酒裡頭富含名為腺苷這種成分。這種腺苷具有使血管擴張，並促進血液循環的作用，有助於調理頭皮環境，以便頭髮容易長出來。

另一方面，由於啤酒及威士忌會使身體冷卻，所以不適合怕冷的人喝。

◆有效改善血液循環的生髮食材有哪些？

血液可將營養運送至頭髮。因此，應讓血液好好運行至距離心臟遙遠，位於身體末端的頭皮，使頭皮的血液循環也變好。不然，頭皮的細胞將逐漸衰弱。

現在就來為大家介紹幾種食材，只要在平時三餐裡頭多加一點進去，就能改善血液循環，有效生髮。

最具代表性的食材，就是**生薑**。生薑的辛辣成分當中，具有溫熱身體、促進血液循環的作用。請多加運用在咖哩、湯品、味噌湯、熱炒料理等菜色當中。

辣椒也是一樣，內含的辣椒素可促進毛細血管的血液循環。只不過對腸胃方面的刺激較強烈，所以須注意避免攝取過量。

肉桂同樣具有擴張血管，並改善血液循環的作用，還具備修復發炎毛細血管的功能。大家可試著撒在吐司上，也能加進咖啡裡，甚至還能用於燉煮蔬菜及肉類料理當中。不喜歡肉桂香氣的人，可與生薑或麻油等食材一起使用，就能減輕特殊氣味了。

另外，**味噌**也能改善血液循環。

只是高血壓且怕熱的人，倘若積極食用肉桂、生薑、紅棗、味噌的話，上火的情形會加劇，而容易變成O型禿，所以須特別注意。

請參考左頁的檢測表，上方A表符合項目較多的人，建議攝取改善血液循環的食材，而下方B表符合項目偏多的人，則請積極選擇可降火氣的食材。

A表（血液循環不佳的人）

- □ 走路超過 10 分鐘，身體也不會暖和起來
- □ 每次觸碰腹部或臀部都是冰冰涼涼的
- □ 不喜歡喝水
- □ 不喜歡在泳池或河裡泡水
- □ 手腳冰冷
- □ 舌苔既白且厚
- □ 眼皮掀起來是白白的
- □ 怕冷氣房太冷，所以都會帶著外套
- □ 會頭痛及肩膀痠痛
- □ 經常胃會不舒服

A表符合項目較多的人……

建議攝取「改善血液循環的食材」 → ◎肉桂　◎味噌　◎生薑　◎紅棗

B表（血液循環較好的人）

- □ 臉部泛紅
- □ 指甲泛紅
- □ 全身肌肉多
- □ 飲料裡喜歡加冰塊
- □ 血壓高
- □ 怕熱，手腳也都熱熱的
- □ 胃幾乎不曾不舒服過
- □ 洗完三溫暖後愛泡澡
- □ 身體較為結實
- □ 偏好重口味

B表符合項目較多的人……

建議食用「可降火的食材」 → ◎苦瓜　◎南洋水果　◎萵苣　◎豆腐

結語

我想告訴過去深受頭髮稀疏問題所苦的自己這些事情

類似頭髮稀疏的煩惱，通常不會想去找人商量，因為擔心「被人知道會很丟臉」，於是不敢跟任何人說，自己一個人拼命地尋找治療方式……，這種心情我十分明瞭，因為我與購買本書的各位讀者一樣，過去一直深受頭髮稀疏問題所苦。

因此，我費心思量著：「假使我能提醒當時的自己一些事情，我會告訴自己什麼呢？」進而提筆寫了這本書。

這些事情就連20年前沒錢沒知識的我，也能做得到，不但不困難，還能持之以恆地做下去，而且還不需要花費高額的費用。此外，最重要的一點，就是切記這個方法不能只是權宜之計。

遺傳只不過是導致頭髮稀疏的其中一個小小要因，只要不放棄地堅持下去，就能從體內改變成不易落髮的體質。

這些方法，除了當時的我之外，我還想告訴更多的人知道。

有眾人的支持才有現在的我

「我想讓和自己有相同煩惱的人越變越少。」於是5年前我便在這樣的想法下，開設了頭部保養沙龍。我總是盡心盡力地看待眼前每一位顧客的煩惱，後來頭部保養沙龍經常呈現預約客滿的狀態。

於是，我想讓更多人了解「『PULA式』生髮術」的心願實現了，進而出版了這本著作。

此外，在我「想推出可安心使用，並反映「PULA式」生髮術各項技巧的產品」之期盼下所研發出來的獨創商品，也上市販售了。

這全是在獲得眾人聲援，贏得支持下的結果。

◆PULA的顧客

感謝所有自開幕便來店光顧的顧客，正是因為你們的支持，才能讓我不斷累積經驗。

◆日本經營教育研究所總經理　石原明先生

這位是我未曾謀面，卻敬仰佩服的恩人。PULA於2011年東日本大震災後沒多久開幕營業，這段時期整個日本黯然無色。

小型沙龍的業務內容與我上一份工作相去甚大，我完全不知道如何招攬顧客，獨立創業後正當我拼命學習經營手法的那段期間，我得知可免費觀賞石原先生主持的影音廣播頻道「石原明の経営のヒント＋（Plus）」，人生自此改變。

能將如此困難的學問用淺顯易懂的方式解說，這點使我深受著迷，於是反覆參閱石原明先生的著作及影音廣播頻道，學習石原論點。後來，即便在極少資本的運作之下，我所經營的沙龍在開業8個月後，還是達到了接連數日客滿的狀態。

自此以後，我仍經常思考：「當我向石原先生提出問題時，他肯定會做出怎樣的回應？」透過這種方式使石原論點付諸行動。開業5年後，我自己也推出著作了，甚至成長到能夠研發獨創商品的境界。

雖然現在只能聆聽備感崇拜的恩人影音，但在不久的將來，我希望能實現親自站上舞台，直接面對面向他致意的目標。

有心提升事業的讀者，或是日後打算創業的讀者，請一定要聽聽看石原明先生的影音廣播頻道。

◆城下整骨　城下典廣先生（末稍關節調整法原創者）

過去我還在從事理容師時，曾經每天受不明原因的後背痛所擾。除了內科及骨科之外，就連針灸、整骨、整脊治療等可能治癒的方式，我都嘗試過了。在症狀完全不見起色的情形下，我滿心煩惱「疼痛是否得一輩子如影隨行」時，有人向我介紹了城下整骨。

接受城下先生的整骨後，過去一直治不好的疼痛，居然1次就痊癒了。這個經驗成為一個轉機，使我也開始想要從事接觸人體的工作。於是才會轉職到護膚業界，進而接觸到了頭部保養。

PULA開業後，每當來店光顧的日本職業足球員或經營者等眾多顧客，只要向我談及有什麼很難治癒的身體不適時，我都會向他們介紹城下先生，治療結果經常超出一般人的期待。

現在我會定期請城下先生傳授末稍關節調整法，也會融入「PULA式」生髮術的技巧當中。

◆一義流氣功　小池義孝先生

小池義孝是暢銷作品《ねこ背は治る！》（自由國民社）的作者。

我常收集各式各樣的資訊，正當我想體驗氣功，而前往拜訪後，開始讓我對手腳冰冷及體內毒素等問題開始感到興趣。

而且正好那時我想出書，於是將這個想法告訴小池先生，後來他介紹了出版社的人給我認識，因此著作才得以順利上市。

◆PULS股份有限公司　各務清子院長

各務清子院長為中醫名譽博士，也是傳授我中醫學問的老師。

藉由中醫的學習，使我不斷萌生體質與頭髮有所關聯的想法，讓「PULA式」生髮術的技巧能夠精益求精。目前在研發PULA獨創商品時，我也都會納入的中醫的概念。

◆GABRS JAPAN股份有限公司　代表　竹內佳章先生

這位是我在前公司備受關照的社長。當我尚未提出任何成績時，便提拔我身居要職，延攬我進公司，賜予我要職經歷、採訪應對等各種機會。

他也是日本首位導入快速按摩的人。

◆前Y-cube股份有限公司總經理　安田佳生先生

他是暢銷作家，也是品牌創建的天才，著有《千円札は拾うな。》（sunmark出版）、《私、社長ではなくなりました。》（PRESIDENT社）等書。很榮幸在安田先生主辦的「こだわり相談ツアー」中與他同桌用餐，並且獲邀擔任「安田佳生のゲリラマーケティング」影音廣播頻道的來賓。

◆cayest　小林弘子小姐

經營生髮沙龍「cayest」的負責人。

教導我「生髮劑無法長出頭髮來」，點醒我「生髮劑為調理地基的支援角色」。就連「PULA式」生髮術，也容我採用了cayest式生髮術的要素。

另外，還要感謝無法在這裡明列出來，所有與我相識並提供協助的人。

辻　敦哉

作者介紹

● 辻　敦哉（Atsuya Tsuji）

經營「PULA」頭部保養專門店。

1979 年出生於埼玉縣浦和市（現為埼玉市）。在經營理髮店的父母膝下長大成人。畢業於埼玉縣理容專門學校、東京文化美容專門學校，也曾在倫敦 TONI&GUY Academy 進修。

2006 年進入 REVOWN 股份有限公司任職，曾任西武涉谷店「THE REV-OWN」店長、營業推展部長。個人高超的技術在業界名聲響亮，被尊為黃金之手。

日後獨立創業，於 2011 年 4 月開設「PULA」頭部保養專門店。95%以上顧客的頭髮問題都能獲得改善，成為超級人氣名店，預約甚至得排到半年以後，也經常接受電視、雜誌等媒體採訪。

本書為作者首度創作，毫無保留為大家介紹超人氣頭部保養專門店育毛法，讓大家在家即可輕鬆執行。

●「PULA」頭部保養專門店官方網站
http://www.spa-pula.com/

搶救掉髮，就靠
世界第一簡單生髮術！